景观规划经典理论译丛

景观设计学和土地利用规划中的景观生态原理

Landscape Ecology Principles in Landscape Architecture and Land-Use Planning

[美] 文克·E·德拉姆施塔德　詹姆斯·D·奥尔森　理查德·T·T·福曼　著

朱强 黄丽玲 俞孔坚　译

中国建筑工业出版社

著作权合同登记图字：01—2008—1962 号

图书在版编目（CIP）数据

景观设计学和土地利用规划中的景观生态原理／（美）德拉姆施塔德等著；朱强等译.—北京：中国建筑工业出版社，2010.9（2022.4 重印）
（景观规划经典理论译丛）

ISBN 978-7-112-12377-3

Ⅰ.①景… Ⅱ.①德…②朱… Ⅲ.①景观学：生态学
Ⅳ.①Q149

中国版本图书馆CIP数据核字（2010）第161691号

Landscape Ecology Principles in Landscape Architecture and Land-Use Planning/Wenche E.Dramstad, James D.Olson and Richard T.T.Forman

责任编辑：姚丹宁
责任设计：陈 旭
责任校对：王 颖 陈晶晶

景观规划经典理论译丛
景观设计学和土地利用规划中的景观生态原理
［美］ 文克·E·德拉姆施塔德
詹姆斯·D·奥尔森 著
理查德·T·T·福曼
朱 强 黄丽玲 俞孔坚 译

*

中国建筑工业出版社出版、发行（北京西郊百万庄）
各地新华书店、建筑书店经销
北京嘉泰利德公司制版
天津翔远印刷有限公司印刷

*

开本：850×1168毫米 1/16 印张：$5^1/_4$ 字数：168千字
2010 年 11 月第一版 2022 年 4 月第三次印刷
定价：45.00元
ISBN 978-7-112-12377-3
（38430）

目　录

序 ……5

前言与致谢 ……7

基础知识 ……9

时间变化……9

目标……12

景观生态学的发展……12

今天的景观生态学……14

导读……16

主要参考文献……17

第一部分：原理 ……19

斑块……19

　　斑块尺寸：大或小？……20

　　斑块数量：多少合适？……22

　　斑块位置：在哪里？……24

主要参考文献……25

边缘和边界……27

　　边缘结构……28

　　边界：平直还是复杂？……29

　　斑块形状：平滑还是曲折？……31

主要参考文献……33

廊道与连接度……35

　　物种迁移廊道……36

　　踏脚石……37

　　道路和防护林……38

　　溪流和河流廊道……39

主要参考文献……40

镶嵌体……41

　　网络……42

　　破碎化与格局……44

　　尺度：细还是粗？……45

主要参考文献……46

第二部分：实践应用 ……47

概述……47

图解应用……49

简要案例……57

总结与结论 ……69

其他参考文献 ……71

作者简介 ……82

序

地球稀薄的土地镶嵌体及其有机组织正处在剧烈的变化过程中。当前亟需新的方法和语言来理解如何在不破坏自然的前提下更好地生存。其解决方案将在景观这一尺度上进行——也就是说要以更大的格局开展研究，懂得它是怎样运作的，使景观设计与维持我们所有人生存的自然系统结构相和谐。

每个景观都有其独特的特征。本书将给你提供一个全新的视野和手段，使你有机会与众多生态学家和景观设计师共同交流与协作。他们正致力于找到一种跨学科的方法，来解决土地利用所带来的挑战。

一块场地就如一个大的“有机体”，是自然形式和过程共同作用的产物。场地具有惟一性，同时每个场地都具有内在变化的潜力。本书还将帮助景观设计师和规划师从社会团体的角度开展工作，社会团体正在促使形成新的可持续的市政学。

最令我欣喜的是本书的原理将土地、水体、野生生物和人类以既简单又完整的方式联系在了一起。作为设计师和规划师，我们必须将这个由斑块和廊道构成的网络编织在一起，就像一床用线织成的被子，防止景观的破碎化，维持景观的完整性。理解这个镶嵌体将是我们所面临的最大挑战。

我们需要更多像本书一样简练的书，利用它提供的简单的工具和语言，来处理政府规章制度、经济利益和土地伦理之间的平衡。

格兰特·琼斯，美国景观设计协会会员

琼斯 & 琼斯公司

西雅图，华盛顿州

前言与致谢

在过去的十年里，景观生态学在实践中已迅速地成为土地利用规划师和景观设计师的重要而有用的工具。对于异质的土地镶嵌体（如对邻里、整体景观和区域）的关注，越来越多地从景观这个关键的空间尺度展开。在这些镶嵌体内，动物、植物、水体、物质和能量在空间上以一种不可预见的方式进行分配、移动、流动和变化。我们需要对这些关键性的原理有一个总结性的了解，并知道如何将其应用到规划与设计实践中。

本书因而是一本手册或者初级读物，列举并图示讲解了许多关键性原理。它同时还提供了相关案例，演示了如何将这些原理应用到规划与设计中，以解决令人苦恼的土地利用问题。

本书并不是一本提供了详尽的内容和步骤的指导书。设计师和规划师都具备足够的创造力和独特的想法将各种原理付诸实践。这里提供的原理只是专家调色盘上纯质的背景颜色，它们为重要、新颖的设计和解决措施的产生提供了坚实的基础。

比如说，如果政府决定修建一条道路、建立一个自然保护区或开发一块地产，那么这些原理将有助于在保证生态完整性最大和土地退化最小的情况下，实现上述目标。而且，在这一相对较大的尺度上提出的原理，将成为一个长期的代表，从而促进社会进行长期的规划和决策。

使用这些原理并不困难，并且可以促使产生更加综合的规划和设计方案。它有助于减少目前我们周围普遍发生的景观破碎化和景观退化问题。熟悉景观生态学的个别专业已经开始应用景观生态学解决这些具体的问题。

确实，解决环境和社会问题需要跨学科的规划和设计团队的参与。本书的另一个目标是加强生态学者和规划师与景观设计师之间的沟通。

大量的生态学者也将读到此书，而他们当中一些很可能会对景观设计学和土地利用规划产生更加浓厚的兴趣。这样的一种协作机制将会促进对景观生态学原理更深入的理解，以及促使更多有价值的原理产生，同时也会使这些原理更好地应用于土地利用规划与设计实践中。

我们要感谢以下这些组织为本书的完成提供了重要的经费支持：

挪威农业大学
哈佛大学设计研究生院
挪威研究委员会
Sasaki 公司

我们同时也非常感谢以下这些人的帮助：J • 托马斯•阿特金斯（琼斯 & 琼斯公司，西雅图，华盛顿州）、玛戈特• D • 坎特威尔（加拿大哈里法克斯环境设计与管理部）、莱斯利•克尔（阿拉斯加州安克雷奇美国渔业和野生动物管理局）、阿里斯泰尔• T • 麦金托什（马萨诸塞州沃特敦 Sasaki 公司）。玛丽•安•汤普森（马萨诸塞州剑桥汤普森和罗斯建筑事务所）从实践专业的视角，提供了重要的和关键性的评阅。卡尔 · 斯坦尼兹（哈佛大学）友好地邀请我们在他的工作室课程中测试我们的初稿。崔卡•巴尔斯、乔更•布罗姆伯格、詹尼弗•布鲁克、莫娜•坎贝尔、利萨•克劳蒂尔、马克•达利、伊迪•德卡、罗伯特•霍伯、弗兰克•克鲁伯、弗朗西斯卡•勒瓦奇、贾丝廷•洛芬格尔、哈鲁克•马素塔尼、柯阿•皮克林、希拉里•夸尔斯、阿亚•撒凯、卡丽•斯坦包姆在哈佛大学的一个学术性的景观规划项目中使用了本书的初稿，并提出了非常有用的建议。加雷斯• L • A. •弗里（挪威自然研究院）、简•赫更勒斯（挪威农业大学生物与自然保护系）、莎伦• K •科林奇（加州大学戴维斯分校）、J •道格拉斯•沃尔森、达沃林•盖兹沃达、罗德尼•霍英克斯、迈克尔• W •宾佛（哈佛大学）为本书提供了大量有价值的建议和支持。

文克• E • 德拉姆施塔德[1]
詹姆斯• D •奥尔森[2]
理查德• T • T •福曼教授
哈佛大学设计研究生院

目前地址：

[1] 挪威农业大学生物与自然保护系
邮局 5014 信箱
N-1432 Ås, 挪威
[2]4 塔姆沃思路
瓦班，马萨诸塞州，02168

基础知识

无论是从科学原理的角度出发，还是从生存的角度出发，亦或是从经济利益的角度出发，生物多样性都必须受到保护。

《爱护我们的地球》，UNEP、IUCN 和 WWF 联合报告，1992 年

时间变化

历史表明，当人类面临危机时，他们的灵活性、创造力、观察力、发明和解决问题的能力，都会大量增进。如今，几乎所有主要的科学研究都是针对于今后几十年里，将出现的诸如显著的土地退化、人口增长、水资源短缺、表土侵蚀、生物多样性损失以及大城市地区的蔓延等问题。人类社会总是习惯于从小的时间或空间尺度来思考问题，或者孤立地考虑未来的趋势。而当这些趋势联系在一起时，危机就迫近了。时势告诉我们，我们和我们的后代都将面临这些危机。其中最主要的将会是土地利用格局问题。

野生火鸡穿越美国得克萨斯州一个开敞空地。美国农业部土壤保护局提供

美国蒙大拿州河漫滩上的金矿采矿破坏。美国农业部土壤保护局提供

土地规划师和景观设计师们在社会中起到重要的平衡调节作用，他们为社会问题提供新的有效解决措施。他们都是研究土地的专家和学者。他们尝试解决了许多问题；他们构思并进行规划；他们展望着人们的未来；他们是一群富有乐观主义思想，脚踏实地的人；他们同时也都是组织者，将多种需求编织成一个整体；他们具有灵活性与创造性，懂

得美学与经济学的知识，并知道人类文化在一个规划或设计方案中起到的关键作用；他们还知道土地的生态完整性也非常重要。

景观设计学和土地利用规划在其所取得的富有灵感的成就方面，具有漫长而又卓越的历史。意大利的乡村别墅、19世纪美国主要城市的规划和设计以及20世纪国家公园的发展，都是他们在土地上留下的令人印象深刻的和谐典范。他们取得如此辉煌成就的关键是他们开创了将自然与文化融合的过程。

美国佐治亚州渠化了的河流廊道，美国农业部土壤保护局提供

设计师与规划师们并不是自然或文化学科的外行，他们接受过这两方面广泛的教育。自然包括与植被、野生动物种群、物种丰富度、风、水、湿地以及水生群落相关的生物格局和自然过程。文化则整合了经济、美学、社区社会格局、游憩、交通以及污水与废物处理等多样化的人文因素。

什么是令一个镇区富有吸引力的自然特征呢？一条有着瀑布和草坪的河流？一个湖泊？一个山丘？一个峭壁或单个的岩石？还是一片森林以及单棵的古树名木？这些事物都是美好的；它们具有金钱无法衡量的价值。如果一个镇上的居民是明智的，他们将会努力去保护这些事物，即便有时实施这种保护需要付出昂贵的代价。因为，这些事物比任何老师、传教士或者我们当前所认识到的教育系统都更具教育意义。我认为一个能够对这些事物有远见的人，才能够称职作为一个州或者一个城镇的奠基人。

亨利·大卫·梭罗，日志，1861年

在有些国家，生态与文化这两个基本要素已经逐渐相对分离。比如说，生态学已经发展成熟并且离规划设计越来越远。要么经济学给予了过多的重视；要么是过分的美学追求；要么是污水和废弃物处理仅仅被认为是一个工程问题；又或者越来越频繁的诉讼已经

给决策蒙上了另外一层色彩；或者局部地方性的行为已经违反了区域层面的思考与规划。这些对于本领域的专家看来，都是非常熟悉不过的了。更深层次的信息表明了生态与文化、土地与人、自然与人之间联系的一种新形式的重要性。

越来越多的证据表明，人类的心理健康和情感上的稳定性，会极大地受到城市、生物学上的人造环境的负面影响。与任何其他哺乳动物一样，可能人类基因天生就决定了我们需要居住在一个拥有清洁空气和多样景观的环境里。我们并不理解人类对于自然美和多样性、自然的形状和色彩，特别是对于绿色、对于其他动物的情感和声音的具体生理学反应，并且不愿意将其包含进环境质量的研究中。然而，很明显，在我们的日常生活中，自然不能被认为是一件可能获得的奢侈品，而应该是我们身体内不可缺少的生理需求的一部分。

弗雷德里克·劳·奥姆斯特德，摘自J·E·托德的传记，1982年

对于这种新的融合而言，缺失的要素和关键点出现在20世纪80年代，并且迅速发展于20世纪90年代。景观生态学作为景观、区域或者其一部分，或者说是土地镶嵌体的大面积的异质地区，已经表现出越来越重要的地位。

景观正好处于合适的空间尺度，它整合了自然与人类。它的主要原理适用于从城市到草原、从沙漠到冻土地带等任何类型的景观。它的空间语言简单，进一步扩大了土地利用决策者、多学科的专家和学者之间已有的交流空间。同时，它并不是仅仅停留在学术研究的层面，而是将主要重点放在对空间格局的研究上，相对容易并具有很强的实用性。它会经常让我们发出“为什么我们不那样想呢？”，和“现在知道这后面还存在着科学原理真好”等这样的感慨。

景观设计师和土地利用规划师总是小尺度地块的规划设计专家，如小型公园、住宅地块、大型商场等。这些专家们其实也知道只规划和设计这些小片的土地，无论是对自然还是对人而言，都会导致不能良好运行的破碎化的世界。庆幸的是，将人类与自然从一个更广阔的尺度进行融合的知识已经出现，并将成为常规。对于一个小型的关注经济或美学的项目而言，其解决手段不仅源于对场地自身条件的解读，也源于对周围镶嵌体格局的理解。同时，大面积的土地规划设计项目将植根于景观与区域生态学原理，直接关注空间土地镶嵌体的格局、运动和变化。

目标

本书的目标包括：1. 明确景观生态学中的关键原理，特别是那些能够直接应用于土地利用规划和景观设计学中的原理；2. 演示说明这些原理如何应用于规划和设计实践。

景观生态学的发展

景观设计学和土地利用规划的主要文献和概念对于本书的读者而言，无疑都非常熟悉了。然而，对于景观生态学的简要回顾还是很有意义的。景观生态学的奠基者可以追溯到 20 世纪 50 年代的一些学者，他们阐明了大面积地区的自然历史和自然环境格局。一些地理学家、植被地理学家、土壤科学家、气候学家以及自然历史作者的研究和著述，都为后人的研究提供了坚实的基础。

从大约 1950 年到 1980 年间，多种多样的重要线索产生，同时它们之间的联系与融合也逐渐加强。景观生态学一词在航空影像广泛使用后为人们所熟知。这个概念关注于景观中一部分的特定的空间格局，在景观中生物群落与自然环境相互作用（特诺尔，1939；1968）。在这些年里，关于这个学科名称的定义多种多样，但是今天主要的、运用最广泛的概念如下：

*生态学*通常被定义为：研究生物与环境相互关系的学科；同时，*景观*是指一个数公里宽的土地镶嵌体，其中当地特有的生态系统和

土地利用类型重复出现。这些概念已被认为是简单而且在实践中是十分有效的。因此，*景观生态学*简单地说就是关于景观的生态学；*区域生态学*就是关于区域的生态学。

景观生态学的融合阶段吸纳了一些其他学科的知识和重要概念。其中如生态系统、动物和植物地理学、植被方法学、树篱研究、农学以及岛屿生物地理学等理论都是十分重要的。同时，数量地理学、区域研究、人文科学及美学，以及土地评估等的知识都为景观生态学的发展起到了重要的作用。景观设计学和土地利用规划的相关文献也被包含在其中。这一阶段里出现了大量富有启发性的、跨学科的单个设计作品，但是整体的情况所表现出来的形式并不明显。

位于美国新泽西州的农田、林地和树篱，美国农业部土壤保护局提供

从1980年开始，“土地镶嵌体”的阶段已经接合，各种难题越来越多地交织在一起，并且景观和区域生态层面上的总体概念性设计逐渐出现。一些书开始编辑整理针对于景观生态学某方面专题性的研究文章。其中包括一般性的概念（Tjallingii & de Veer, 1981；Ruzicka. 1982；Brandt & Agger,1984；Zonneveld & Forman,1990）、栖息地破碎化与保护（Burgess & Sharpe, 1981；Saunders et al. 1987；Hansson & Angelstam, 1991）、廊道与连接度（Schreiber ,1988；Brandle et al. 1988；Saunders & Hobbs ,1991；Smith & Hellmund, 1993）、数量分析方法（Berdoulay & Phipps, 1985；Turner & Gardner, 1991），以及关于异质性、边界和恢复的文献（Turner, 1987；Hansen & di Castri, 1992；Vos & Opdam, 1992；Saunders et al，1993）。

英国的农田、树林斑块和林带，R·福曼提供

位于美国俄勒冈森林的砍伐和伐木使用的道路，R·福曼提供

相对应的是，一些主要的专著对一些理论和概念进行了综合整理。这些书的内容主要包括土地评价与规划（Zonneveld, 1979；Takeuchi, 1991）、土壤和农业（Vink, 1980）、采伐与保护（Harris, 1984）；整体人类生态系统（Naveh & Lieberman, 1993）、等级理论（O' Neill et al. 1986）、统计方法（Jongman et al, 1987）、河流廊道（Malanson，1993）以及土地镶嵌体（Forman & Godron, 1986；Forman, 1995）。当然，如果要想对这个学科有更加清晰和完整的认识，《景观生态学》和其他一些杂志里的相关文章也将是不错的选择。

今天的景观生态学

景观和区域生态学原理能够应用到从郊区到农村、从沙漠到森林的任何类型的土地镶嵌体中。无论是在纯自然的环境里，还是人类剧烈活动的地区，这些原理都发挥着同样的作用。研究的对象在一架飞机下或者在一幅遥感影像上展开，其中包含有大量的生命有机体，因此它本身就是一个生命的系统。

同一个植物细胞或人体一样，这个生命的系统具有三个主要特征：结构、功能和变化。*景观结构*是指景观要素的空间格局或布局；*功能*是指动植物、水、风、材料和能量在结构中的移动或流动；*变化*是随着时间的，空间格局和功能的动态过程或改变。

一个景观或区域的结构性格局可以完全认为由斑块、廊道和基质三种类型的要素构成。事实上，这三种普适性的要素是比较高度差异性景观以及提出一般性原理的基本工具。因为空间格局强烈的控制着运动、流和变化，它们同时也是土地利用规划和景观设计学的重要工具。

当考虑如何将斑块、廊道和基质结合起来，形成大地上大量的土地镶嵌体时，这个简单的空间语言显得格外清晰。什么是*斑块*的关键属性呢？它们是大还是小、圆还是长、平滑还是复杂、少还是多、分散还是聚集等等。廊道的属性有哪些呢？是窄或宽、直或曲、连续或间断等等。另外*基质*是单个或者分离的、多样或近乎同质的，还是连续或穿孔的等等。这些空间属性或描述与词典中的定义相近，并且决策者和许多专业的专家或学者对此都不陌生。

澳大利亚西部的道路廊道，图片引用得到B.M.J. 彭妮·于塞允许

整个景观或者区域是一个镶嵌体，而且地方的邻里同样是一个由斑块、廊道和基质组合在一起的镶嵌体。景观生态学者正是针对这些镶嵌体的结构形态和邻里性质，积极地开展研究，并提出了关于生物多样性格局和自然过程相关的原理。

例如，通过在一个镶嵌体中加入树篱、池塘、房屋、林地、道路或其他要素都将改变景观的功能。动物将可能会改变它们的行进路线；水流将改变流向；土壤颗粒的受侵蚀程度会发生变化；人也将改变他们的移动方向。从景观中去掉一个元素也将改变其中流的方向。同时，对现有景观要素的重新布局也会对邻里的功能产生重要的影响。这些空间要素及其布局是景观设计师和土地利用规划师重要工具。

自然过程与人类活动共同作用改变着景观。在一个航空影像的时间序列中，一系列的镶嵌体依次展现出来。栖息地的破碎化通常是最容易被观察到并受到重视的。但是，在土地改变的过程中，许多其他的空间过程也很明显，如穿孔、切开、收缩、损耗、接合，其中每个过程都受到主要的生态或人类干扰的影响。

简单地说，本书中的景观生态学原理是可以直接应用的，并且为明智的规划、设计、保护、管理和土地政策提供了新的机遇。这些原理对于从邻里到区域不同尺度的土地镶嵌体来说都极其重要。它们还关注于决定功能和变化的景观空间格局；原理中所叙述的斑块—廊道—基质的构成要素对于任何尺度的景观来说都具有普遍性。同时，它的语言增加了不同专业、部门的交流与协作。随着现代社会越来越强调环境可持续发展的重要性，这些原理将成为实现可持续发展的重心。

美国得克萨斯州为野生动物建立的林带和池塘，美国农业部土壤保护局提供

导读

第一部分提出了一些景观生态学原理。为了方便，这些原理将围绕斑块、边缘、廊道和镶嵌体四个主题展开。第二部分图示说明了这些原理的实际应用，分别从宏观、中观和微观三个方面展开。最后简要地介绍了来自全球范围内的案例研究。

主要参考文献

Berdoulay, V. and M. Phipps, eds. 1985. *Paysage et Système.* Editions de l' Université d' Ottawa, Ottawa.

Brandle, J.R., D.L. Hintz and J.W. Sturrock, eds. 1988. *Windbreak Technology.* Elsevier, Amsterdam. (Reprinted from *Agriculture, Ecosystems and Environment* 22-23, 1988).

Brandt, J. and P. Agger, eds. 1984. *Proceedings of the First International Seminar on Methodology in Landscape Ecology Research and Planning.* 5 vols. Roskilde Universitetsforlag GeoRuc, Roskilde, Denmark.

Burgess, R.L. and D.M. Sharpe, eds. 1981. *Forest Island Dynamics in Man-dominated Landscapes.* Springer-Verlag, New York.

Forman, R.T.T., ed. 1979. *Pine Barrens: Ecosystem and Landscape.* Academic Press, New York.

Forman, R.T.T. 1995. *Land Mosaics: The Ecology of Landscapes and Regions.* Cambridge University Press, Cambridge.

Forman, R.T.T. 1995. Some general principles of landscape and regional ecology. *Landscape Ecology* 10: 133-142.

Forman, R.T.T. and M. Godron. 1986. *Landscape Ecology.* John Wiley, New York.

Hansen, A.J. and F. di Castri, eds. 1992. *Landscape Boundaries: Consequences for Biotic Diversity and Ecological Flows.* Springer-Verlag, New York.

Hansson, L. and P. Angelstam. 1991. Landscape ecology as a theoretical basis for nature conservation. *Landscape Ecology* 5: 191-201.

Harris, L.D. 1984. *The Fragmented Forest: Island Biogeography Theory and the Preservation of Biotic Diversity.* University of Chicago Press, Chicago.

Hobbs, R.J. 1995. Landscape ecology. *Encyclopedia of Environmental Biology* 2, pp. 417-428.

Jongman, R.G.H., C.J.F. ter Braak and O.F.R. van Tongeren. 1987. *Data Analysis in Community and Landscape Ecology.* PUDOC, Wageningen, Netherlands.

Malanson, G.P. 1993. *Riparian Landscapes.* Cambridge University Press, Cambridge.

Naveh, Z. and A.S. Lieberman. 1993. *Landscape Ecology: Theory and Application.* Springer-Verlag, New York.

O'Neill, R.V., D.L. DeAngelis, J.B. Waide and T.F.H. Allen. 1986. *A Hierarchical Concept of Ecosystems.* Princeton University Press, Princeton.

Ruzicka, M., ed. 1982. *Proceedings of the VIth International Symposium on Problems in Landscape Ecological Research.* Institute for Experimental Biology and Ecology, Bratislava, Czechoslovakia.

Saunders, D.A., G.W. Arnold, A.A. Burbidge and A.J.M. Hopkins, eds. 1987. *Nature Conservation: The Role of Remnants of Native Vegetation.* Surrey Beatty, Chipping Norton, Australia.

Saunders, D.A. and R.J. Hobbs, eds. 1991. *Nature Conservation 2: The Role of Corridors.* Surrey Beatty, Chipping Norton, Australia.

Saunders, D.A., R.J. Hobbs and P.R. Ehrlich, eds. 1993. *Nature Conservation 3: The Reconstruction of Fragmented Ecosystems: Global and Regional Perspectives.* Surrey Beatty, Chipping Norton, Australia.

Schreiber, K-F. 1988. *Connectivity in Landscape Ecology.* Münstersche Geographische Arbeiten 29, Ferdinand Schoningh, Paderborn, Germany.

Smith, D.S. and P.C. Hellmund, eds. 1993. *Ecologyin of Greenways: Design and Function of Linear Conservation Areas.* University of Minnesota Press, Minneapolis, Minnesota.

Takeuchi, K. 1991. *Regional (Landscape) Ecology.* (In Japanese). Asakura Publishing, Tokyo.

Tjallingii, S.P. and A.A. de Veer, eds. 1981. *Perspectives in Landscape Ecology.* PUDOC, Wageningen, Netherlands.

Torrey, B. and F.H. Allen. 1962. *The Journal of Ilenry D.Thoreau.* 14 vols.Dover Publications, New York.

Troll, C. 1939. Luftbildplan und ökologische Bodenforschung. *Zeitschrift der Gesellschaft für Erdkunde zu Berlin,* pp. 241-298.

Troll, C. 1968. Landschaftsokologie. In Tuxen, R., ed. *Pflanzensoziologie und*

Landschaftsokologie, pp. 1-21. Dr. W. Junk Publishers, The Hague, Netherlands.

Turner, M.G., ed. 1987. *Landscape Heterogeneity and Disturbance.* Springer-Verlag, New York.

Turner, M.G. 1989. Landscape ecology: the effect of pattern on process. *Annual Review of Ecology and Systematics* 20, pp. 171-197.

Turner, M.G. and R.H. Gardner, eds. 1991. *Quantitative Methods in Landscape Ecology: The Analysis and Interpretation of Landscape Heterogeneity.* Springer-Verlag, New York.

Vink, A.P.A. 1980. *Landschapsecologie en Landgebruik.* Bohn, Scheltema and Holkema, Utrecht, Netherlands. (1983 translation. Landscape Ecology and Land Use. Longman,London).

Vos, C.C. and P. Opdam, eds. 1992. *Landscape Ecology of a Stressed Environment.* Chapman and Hall, London.

Zonneveld, I.S. 1979. *Land Evaluation and Land(scape) Science.* 2nd edition. ITC Textbook VII.4. International Institute for Aerial Survey and Earth Sciences, Enschede, Netherlands.

Zonneveld, I. S. and R. T.T.Forman, eds. 1990. *Changing Landscapes: An Ecological Perspective.* Springer-Verlag, New York.

第一部分：原理

斑块

景观生态学原理分为四个部分对斑块、边缘、廊道和镶嵌体进行了列举和说明。每一部分的开始解释了一些重要的术语名词和概念，并在结尾处附录了一些关键性的参考文献。更多的参考文献可以参见本书最后的参考文献目录。

美国明尼苏达州农场的林地和小麦，美国农业部土壤保护局提供图片

在人口密集的地区，动植物栖息地越来越多地表现出分散斑块的形式。生态学家最初将这些栖息地斑块类比为孤岛，但很快就否定了这一类比，因为隔断岛屿的海洋和围绕一个“陆地斑块”的乡村和郊区基质还是存在着很大的差别的。虽然这些“陆地斑块”的确表现出一定程度孤立的特征，但斑块孤立的效果和程度则取决于斑块内现存的物种。

有四种起源类型的植被斑块值得被大家认知：*残余斑块*（例：从之前一个更大类型的区域中遗存下的部分，如农业地区中小林地）、*引入斑块*（例：一个农业地区的新开发的郊区，一片森林中的小片草场）、*干扰斑块*（例：一片森林中的火后迹地，受严重暴风袭击的林中空地）和*环境资源斑块*（例：城市中的湿地，沙漠中的绿洲）。

斑块主要通过（1）大小、（2）数量和（3）位置三个指标进行分析和区别。斑块可能和一片国家级的森林一样大，也可能只有一棵树那么大。斑块在一个景观中数量可能很多，如一个山脉边的雪崩或滑坡，也可能像沙漠中的绿洲一样稀少。斑块的位置对于实现景观的最佳功能可起到有益的作用，也可起到有害的作用。比如说在一片农业基质里，大型保护地周边的小型残余森林斑块是有益的。相反，在敏感的湿地附近的垃圾填埋场斑块则可能对景观的生态健康有着负面的影响。

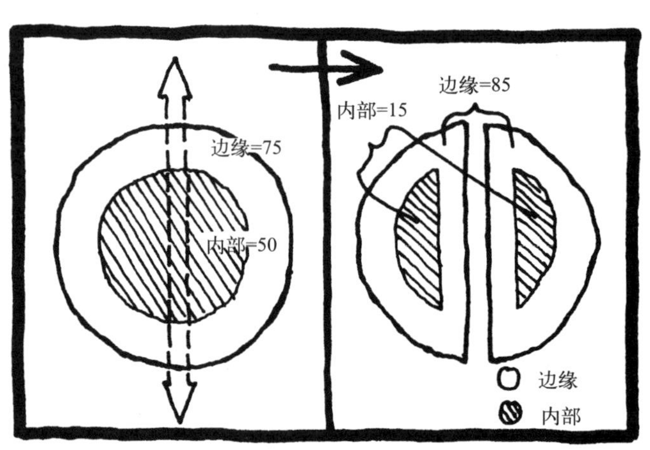

斑块尺寸：大或小？

P1. 边缘生境与物种

将一个大斑块分为两个小斑块时会产生额外的边缘生境，该生境中边缘物种的种群规模与数量会因此而增长，这些（边缘）物种通常在景观中属于常见种或广布种。

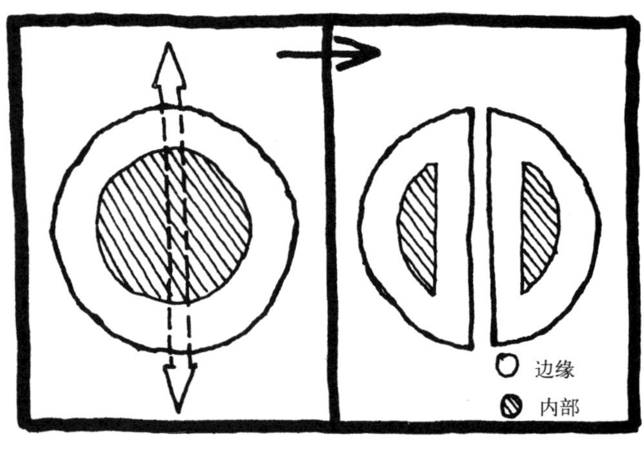

P2. 内部生境与物种

将一个大斑块分为两个小斑块时会减少内部生境空间，从而导致内部生境物种的种群规模与数量变小，这些内部物种通常都是保护的重点。

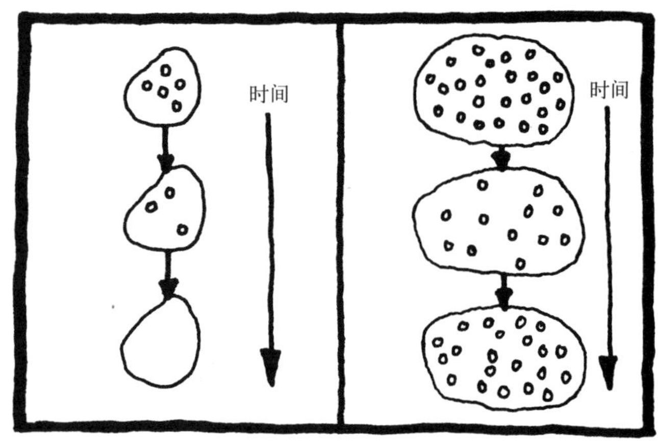

P3. 当地物种灭绝的可能性

对某一物种而言，一个大斑块通常比起小斑块能容纳该物种更大的种群规模，因此在大斑块里，物种（通常种群规模会发生波动）在当地灭绝的可能性要比小斑块小。

P4. 灭绝

一个斑块越小或者生境质量越低，生活在其中的物种在当地灭绝的可能性就越大。

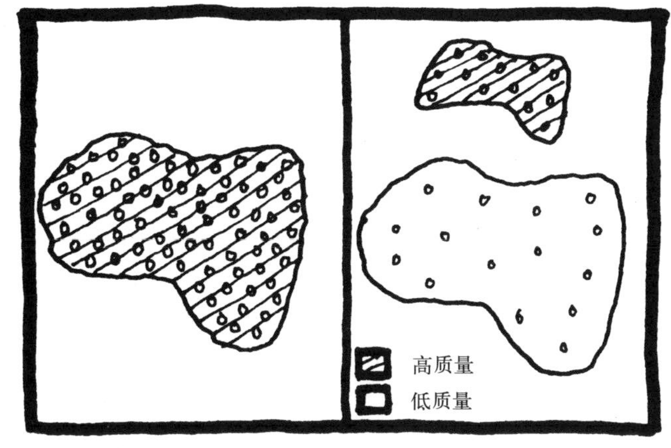

P5. 生境多样性

大的斑块易包含更多样的生境，因此它比小斑块包含的物种更多。

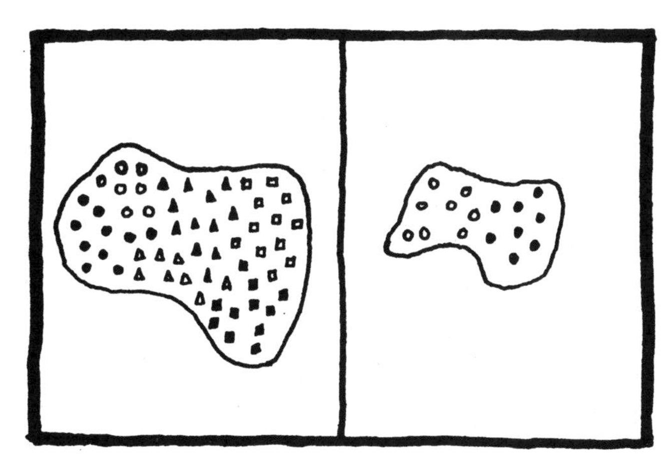

P6. 抵御干扰的障碍

将一个大型斑块分为两个小的斑块后，阻止了某些干扰的扩散。

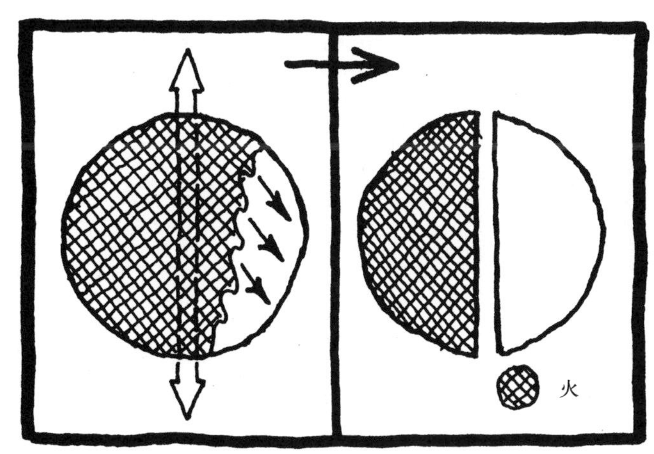

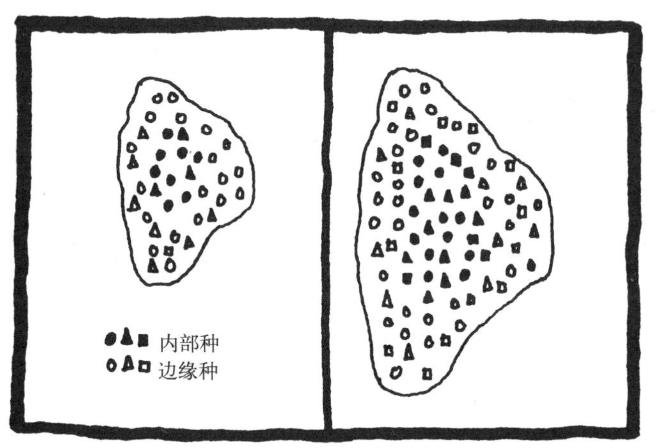

P7．大斑块的优点

大型自然植被斑块是景观中仅有的能保护蓄水层和河流网络的结构要素，它能维持大多数内部种的可存活种群数量，又为大多数生活范围较大的脊椎动物提供了核心栖息地和避难所，同时为近自然的干扰条件提供了可能。

P8．小斑块的优点

在广延（extensive stretches）基质里散落的小型斑块可作为物种运动的踏脚石，同时小斑块能容纳一些大型斑块里较少的不常见物种，或者是在不常见的情况下，一些在大型斑块内不适宜生存的物种。因此，小斑块提供了不同于大斑块的额外的生态效益。

斑块数量：多少合适？

P9．生境损失

一个斑块的移除会导致生境的损失，通常倚赖这类生境的物种群落规模会因此而减小，该生境的多样性也将遭受影响，这些将导致物种数量的减少。

P10．复合种群动态

减少一个斑块会减少一个复合种群（即分散在不同的斑块间相互作用的种群）的规模，这样增加了当地斑块内物种灭绝的可能性，减缓了物种重新定居的过程，降低了该复合种群的稳定性。

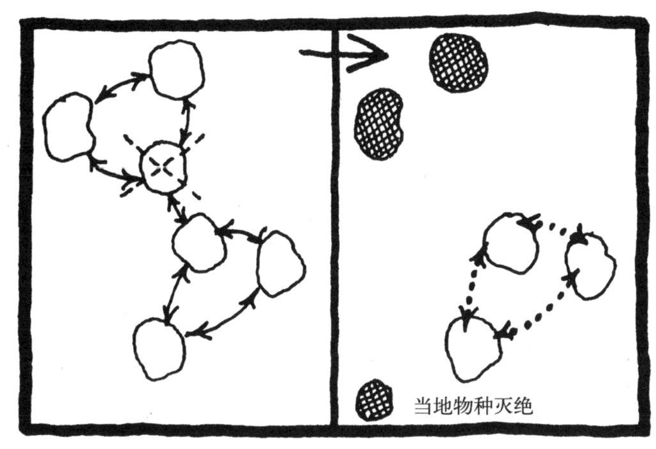

P11．大型斑块的数量

当一个大型斑块包含有适合这类斑块生存的几乎所有物种时，两个这样的大型斑块即被认为是维持物种丰富度的最小数目。然而，若这样的大斑块只包含有限的物种库，则需要四个或五个大型斑块。

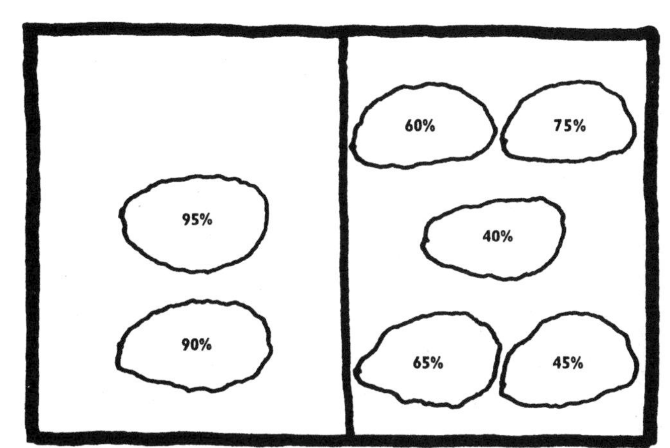

P12．作为生境的成组斑块

当缺少大型斑块时，一些相对广适性的物种能够生存在大量毗邻的小型斑块内，这些斑块虽然单个来讲并不满足物种存活要求，但组合在一起却可成为物种生存的生境。

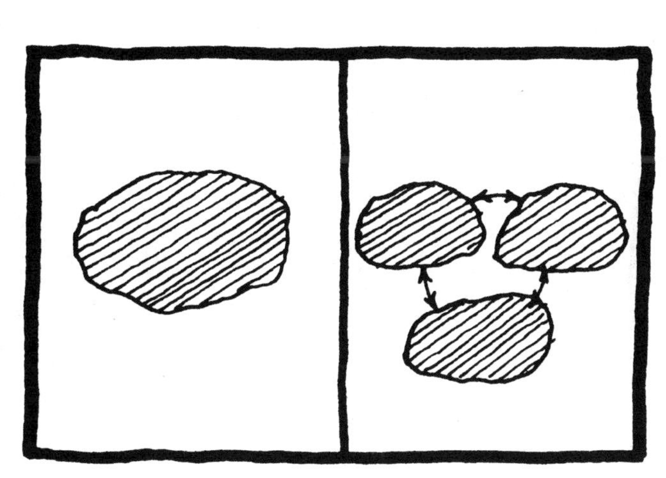

斑块位置：在哪里？

P13. 灭绝

单独孤立斑块内物种灭绝的可能性更大。孤立不仅由距离因素造成，也可能是因为其基质栖息地与斑块的对比度（即斑块生境与基质相对于某物种生存的适宜性差异）。

P14. 重新定居

在一定的时间内，一个靠近其他斑块或“大陆”的斑块比另外一个相对孤立的斑块具有更高的物种定居与重新定居的机会。

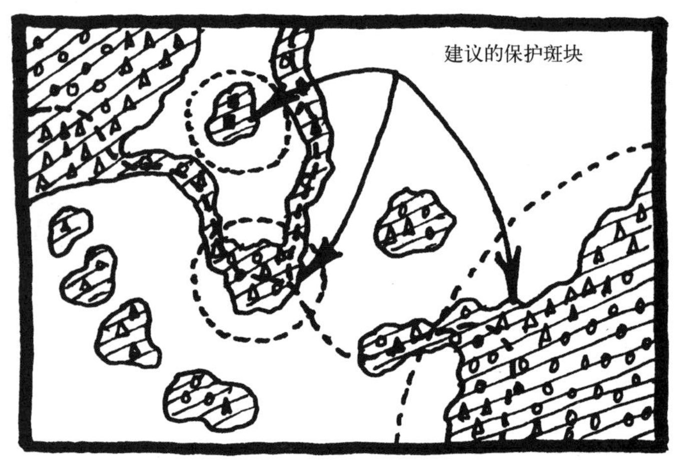

P15. 为实现保护目标的斑块选择

为达到物种保护的目的，斑块的选择应该考虑以下几点：(1) *对整个（生态）系统的贡献*，如在这个景观或区域内，斑块的位置与其他斑块的关系或连接程度如何？（2）*不寻常或独特的特征*，例如，一个斑块内是否有任何稀有、濒危或地方性物种生存。

主要参考文献

Forman, R.T.T. 1995. *Land Mosaics: The Ecology of Landscapes and Regions.* Cambridge University Press Cambridge [Patch size, number, and location]

Forman, R.T.T., A.E. Galli, and C.F. Leck. 1976. "Forest size and avian diversity in New Jersey woodlots with some land use implications." *Oecologia 26*, pp. 1-8. [Patch number]

Game, M., and G.F. Peterken. 1984. "Nature reserve selection strategies in the woodlands of Central Lincolnshire, England." *Biological Conservation* 29, pp. 157-181. [Patch number]

Harris, L.D. 1984. *The Fragmented Forest: Island Biogeography Theory and the Preservation of Biotic Diversity.* University of Chicago Press, Chicago. [Patch size and location]

Opdam, P. 1991. "Metapopulation theory and habitat fragmentation: a review of Holarctic breeding bird studies." *Landscape Ecology* 5, pp. 93-106. [Patch size]

Saunders, D.A., G.W. Arnold, A.A. Burbidge, and A.J.M. Hopkins, eds. 1987. *Nature Conservation: The Role of Remnants of Native vegetation,* Surrey Beatty, Chipping Norton, Australia. [Patch size and location]

Shafer, C.L. 1990. *Nature Reserves: Island Theory and Conservation Practice.* Smithsonian Institution Press, Washington, D.C. [Patch size, number, and location]

van Dorp, D. and P. F.M. Opdam. 1987. "Effects of patch size, isolation and regional abundance on forest bird communities." *Landscape Ecology* 1, pp. 59-73. [Patch location]

See additional references on page 71

边缘和边界

*边缘*是指斑块的外围部分，这个部分的环境特征与斑块内部有显著不同。通常，边缘与内部的环境在外观和质感上存在区别。例如，斑块边缘的垂直与水平结构、宽度、物种组成和丰富程度与该斑块的内部有明显不同，这些不同点构成了所谓的*边缘效应*。边界的曲直度，会影响到营养流、水流、能量流或物种流沿边界或跨边界的流动。

边界也可能是“政治的”或“管理的”边界，它是斑块内外的人工分界线，可能与自然“生态的”边界或边缘重合或不重合。将这些人为的边缘与自然边缘结合起来考虑是很重要的。随着人类的开发活动不断向自然环境进军，由此而产生的边缘将会逐渐成为人造生境和自然生境间相互作用的关键点。

美国爱达荷州曲折的草地—森林边界，R·福曼提供

由边界界定的斑块形状能够由景观设计师和土地利用规划师进行规划设计，以实现某种生态的功能或目标。由于边缘具有多种重要意义，在规划设计中利用好两种生境类型间的这种关键的生态过渡带，为我们提供了丰富的机遇。

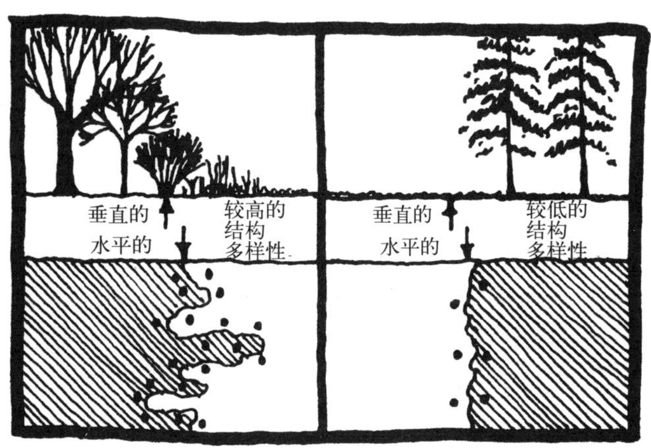

边缘结构

E1. 边缘结构多样性

边缘植被水平结构或垂直结构的多样性越高，边缘动物物种越丰富。

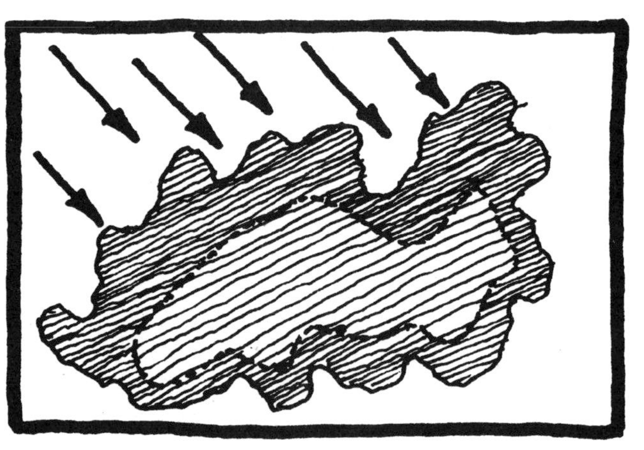

E2. 边缘宽度

斑块周围的边缘宽度不同，在面向主导风向和日照方向的一面的边缘更宽。

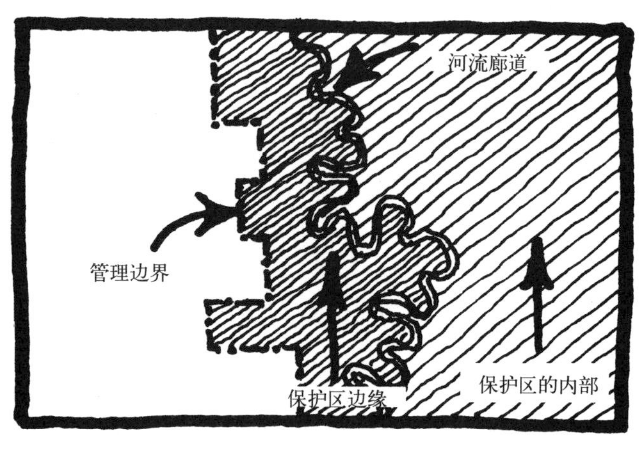

E3. 管理的和自然的生态边界

在保护区里，当管理的或行政的边界与自然生态边界不重合时，这两条边界之间的地带通常比较显著，并可作为一个缓冲带，减少周围环境对保护区内部的影响。

E4. 作为过滤层的边缘

斑块边缘通常可起到过滤层的作用，以降低周围环境对斑块内部的影响。

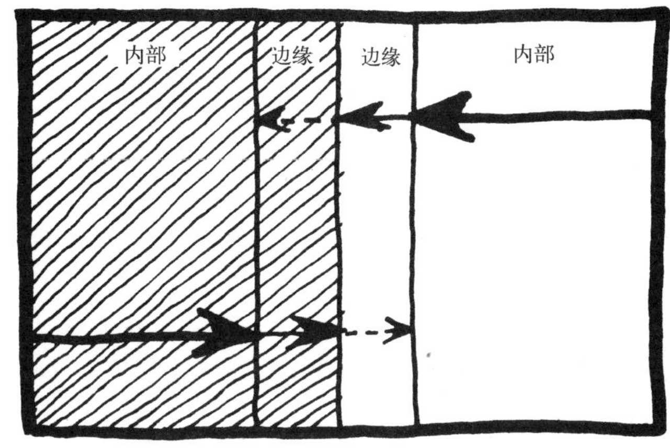

E5. 边缘的突变性

边缘两边的异质性越强（突变程度越高），物种、能量等沿边缘方向的运动就越强，而弱的边缘强烈度则会促使穿越边缘的运动。

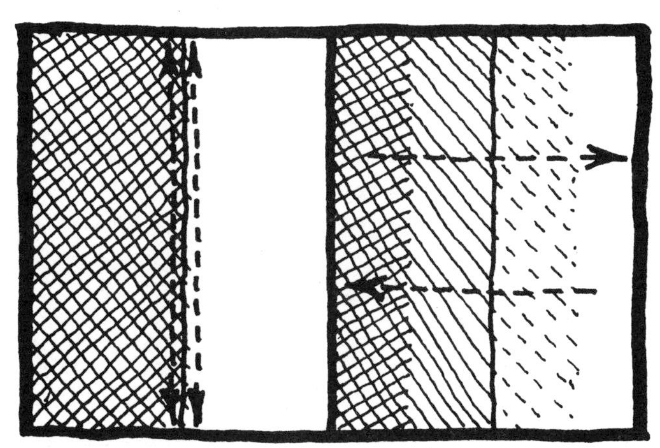

边界：平直还是复杂？

E6. 自然和人为的边缘

大多自然边缘是呈曲线状的、复杂且柔和的，而人为的边缘通常则是直线性的、简单且生硬的。

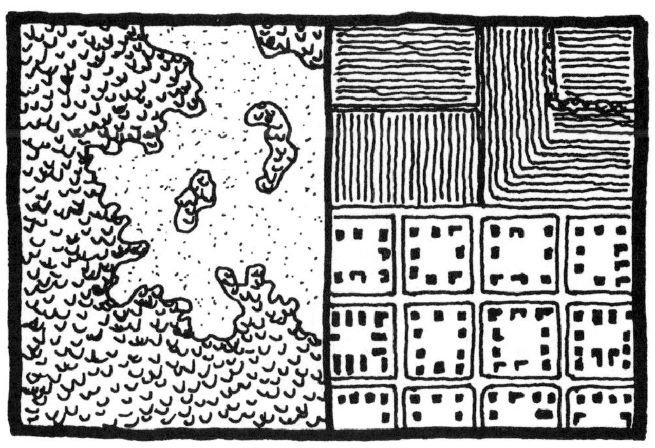

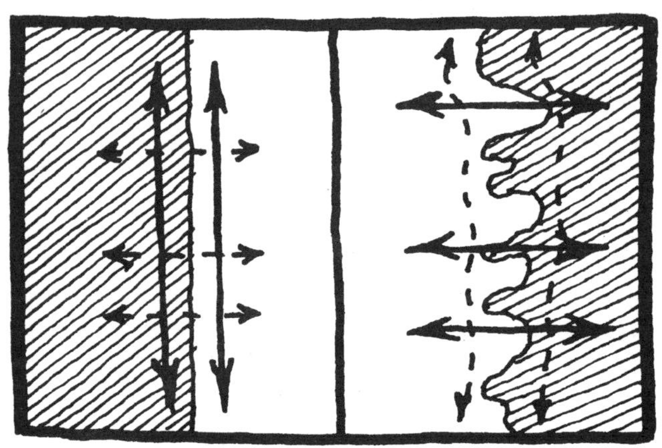

E7. 直或曲的边界

直的边界会有较多的沿边界的物种运动；曲折的边界则更易产生跨边界的运动。

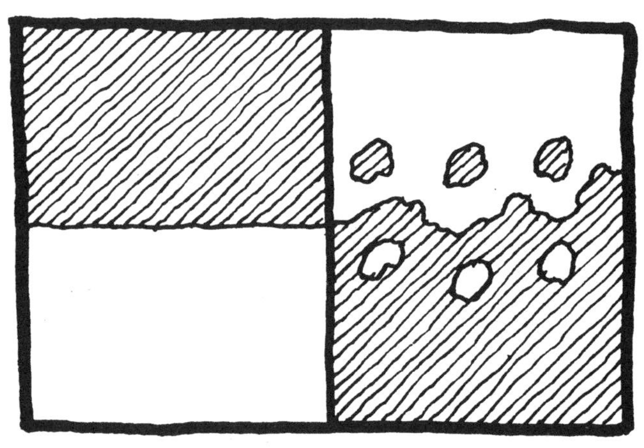

E8. 生硬的和柔和的边界

与两个地区之间笔直的边界相比，一个曲折的由“小型斑块”构成的边界能提供大量的生态效益，如更少的土壤侵蚀以及更多的野生动物利用率。

E9. 边缘的曲折度和宽度

边缘的曲折度和宽度共同决定着景观内边缘生境的总数。

E10. 凹陷和凸起处

与笔直边缘相比，凹凸不平的边缘提供了更广泛的生境多样性，因而具有更多的物种多样性。

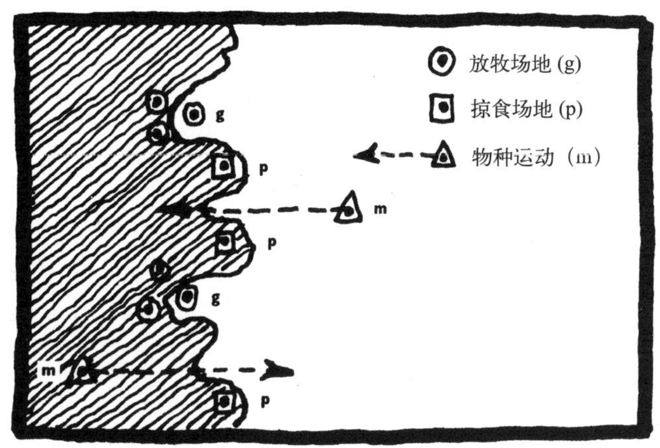

斑块形状：平滑还是曲折？

E11. 边缘和内部物种

一个具有高度复杂边界的斑块具有面积更大的边缘生境，这使边缘物种的数量有了稍微的增长，但却大量地减少了内部种的数量，包括那些需要重点保护的内部物种。

E12. 与环境的作用

斑块的形状越复杂，它与周边基质间的相互作用就越多，无论这种作用是有益的还是有害的。

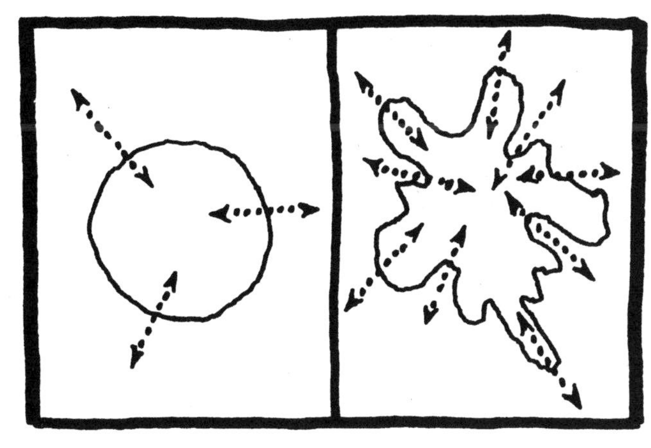

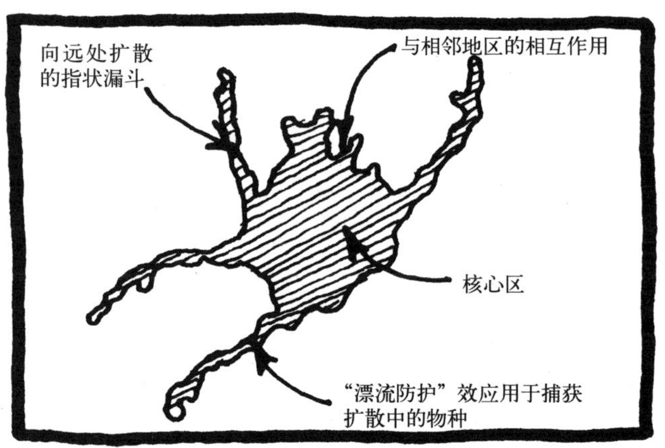

E13. 生态"最优"的斑块形状

生态上最优的斑块具有一些生态优点，它一般是呈"太空船形状"，其核心区是圆形的，这有利于对资源的保护，它的部分边界是曲线形的，还有一些供物种扩散的指状延伸。

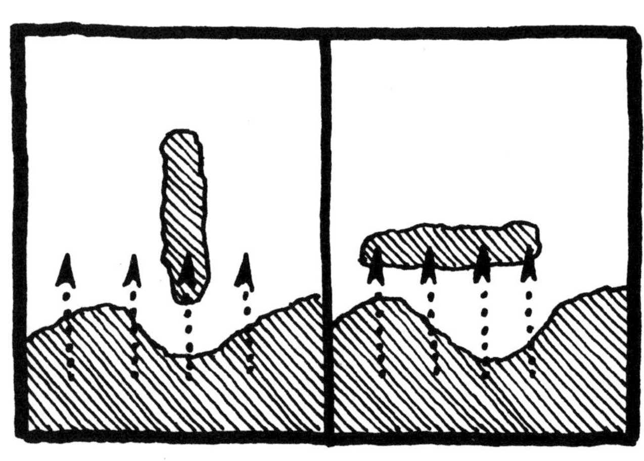

E14. 形状和朝向

当斑块的长轴与扩散个体的运动路线方向平行时，比起与扩散方向垂直时更难让物种定居。

主要参考文献

Forman, R.T.T. 1995. *Land Mosaics: The Ecology of Landscapes and Regions.* Cambridge University Press, Cambridge. [Edge structure, boundary curvilinearity, and patch shape]

Gutzwiller, K.J. and S.H. Anderson. 1992. "interception of moving organisms: Influences of patch shape, size, and orientation on community structure." *Landscape Ecology* 6, pp. 293-303. [Patch shape]

Hardt, R.A. and R.T.T. Forman. 1989. "Boundary form effects on woody colonization of reclaimed surface mines." *Ecology* 70, pp. 1252-1260. [Boundary curvilinearity]

Harris, L.D. and P. Kangas. 1979. "Designing future landscapes from principles of form and function." In *Our National Landscape: Techniques for Analysis and Management of the Visual Resource.* General Technical Report PSW-34, U.S. Forest Service, Washington, D.C., pp. 725-729. [Patch shape]

Marcot, B.G. and V.J. Meretsky. 1983. "Shaping stands to enhance habitat diversity." *Journal of Forestry* 81, pp. 527-528. [Patch shape]

Milne, B.T. 1991. "The utility of fractal geometry in landscape design." *Landscape and Urban Planning* 21, pp. 81-90. [Boundary curvilinearity]

Morgan, K.A. and J.E. Gates. 1982. "Bird population patterns in forest edge and strip vegetation at Remington Farms, Maryland." *Journal of Wildlife Management* 46, pp. 933-944. [Edge structure]

Ranney, J.W., M.C. Bruner, and J.B. Levenson. 1981. "The importance of edge in the structure and dynamics of forest islands." In Burgess, R.L., and D.M. Sharpe, eds. *Forest Island Dynamics in Man-dominated Landscapes.* Springer-Verlag, New York, pp. 67-96. [Edge structure]

Schonewald-Cox, C. and J.W. Bayless. 1986. "The boundary model: a geographic analysis of design and conservation of nature reserves." *Biological Conservation* 38, pp. 305-322. [Edge structure]

Yahner, R.H. 1988. "Changes in wildlife communities near edges." *Conservation Biology* 2, pp. 333-339. [Edge structure]

See additional references on page 73

廊道与连接度

生境的丧失和隔离看来是当代世界不可避免的过程。如果希望进一步地减慢或阻止生物多样性的减少，景观规划师和生态学者应该与这种持续的过程作斗争。

有一些动态的过程引起了生境的丧失和隔离。这些关键性的空间过程包括：破碎化（将一个大型的或完好的生境打碎成多个小型的、分散斑块的过程）、切断（将一个完好的生境被一条廊道切分为两个独立斑块的过程）、穿孔（一个本来完好的生境内打许多“洞”）、收缩（一个或多个生境的大小减小的过程）和损耗（一个或多个生境斑块的消失过程）。

美国怀俄明州带有狭窄路边缘的道路廊道，R·福曼提供。

在面对着持续的生境丧失和隔离时，许多景观生态学者都强调增强景观连接度的必要性，特别是以野生动物迁移廊道和踏脚石的形式。尽管仍然存在关于廊道在增强生物多样性的有效性方面的争论，但越来越多的经验性研究表明，通过在生境斑块间引入高质量的连接，将会产生积极的生态效益。

美国密西西比州的电线廊道，美国农业部土壤保护局提供

景观中的廊道同时也可以对物种的运动起到障碍或过滤的作用。有些可能成为种群的“汇”（即某物种的个体将会在数量上减少的位置）。例如，道路、铁路、电力线、运河和小路，都可以被认为是作为“槽”或者障碍。

最后，溪流与河流系统是景观中特别重要的廊道。在人类的高强度干扰下，维护它们的生态完整性，对于景观设计师和土地利用规划师来说既是挑战又是机遇。

物种迁移廊道

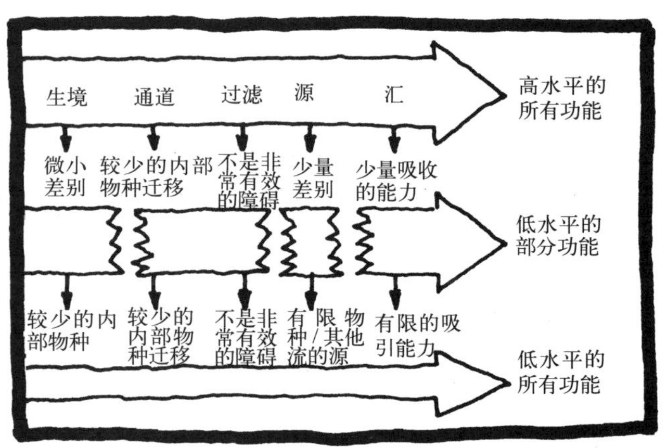

C1. 廊道功能的控制因素

宽度和连接度是控制廊道五种重要功能（即生境、通道、过滤、源和汇）中的首要控制因素。

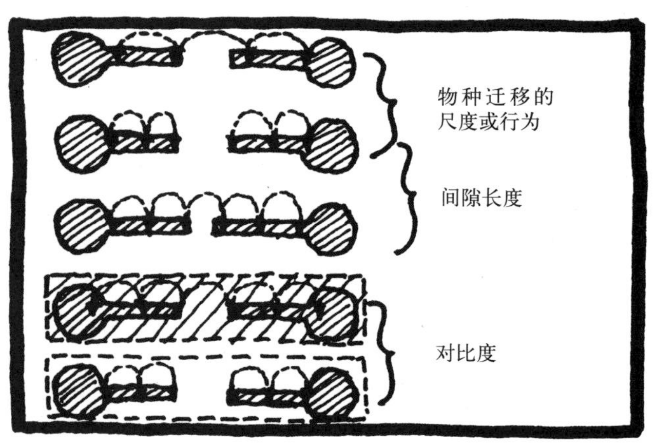

C2. 廊道间隙的影响

物种迁移廊道里间隙的影响效果取决于该间隙长度相对于某物种迁移尺度的大小，以及廊道和间隙之间的对比度。

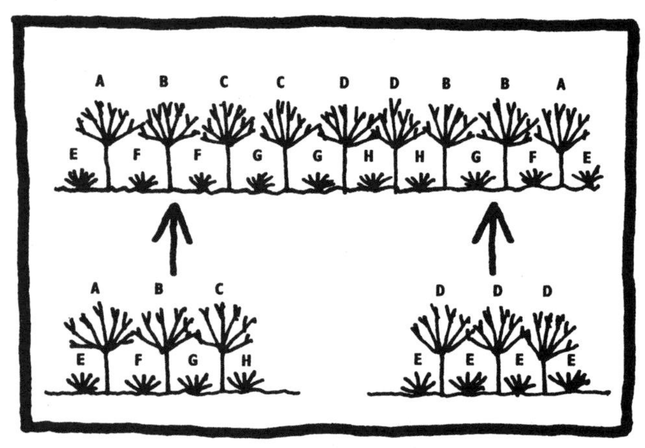

C3. 结构与植物物种的相似性

在廊道和大型斑块之间的植被结构和植物物种具有相似性对于物种迁移是有益的，在大多数情况下对于物种在大型斑块间的迁移而言，结构上具有相似性就可以满足要求。

踏脚石

C4. 踏脚石连接度

一系列踏脚石（小型斑块）的连接度介于有廊道和没有廊道之间，因此其对于内部物种在斑块间的迁移来说，也起到介于两者之间的作用。

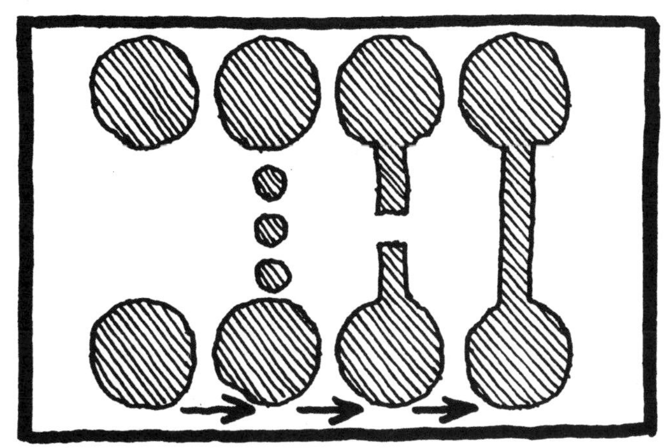

C5. 踏脚石间的距离

对于那些高度靠视觉决定行进方向的物种来说，踏脚石之间迁移的有效距离由它们所能看到的连续的踏脚石的能力所决定。

C6. 踏脚石的损失

损失一个作为斑块间物种迁移的踏脚石，通常会给物种迁移造成阻碍，因而会增加斑块间的隔离度。

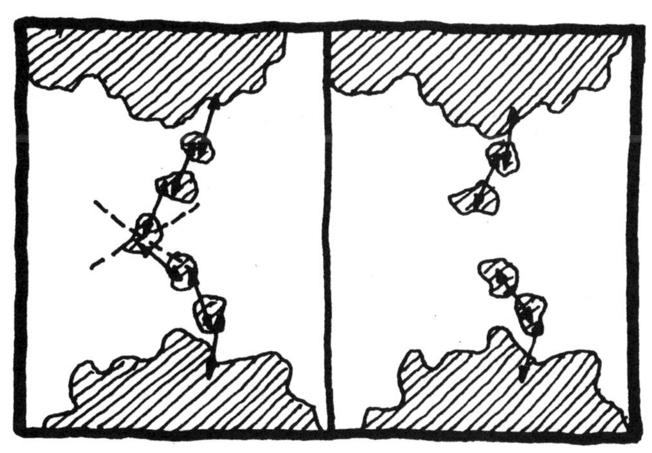

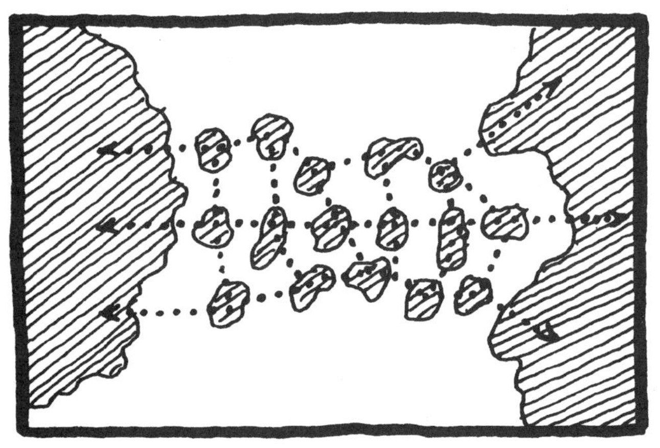

C7. 踏脚石的集合

在空间上最优化布局的一系列踏脚石为物种迁移提供了可供选择的丰富的路径，同时在大型斑块间维持了一个总体上线性的阵列布局。

道路和防护林

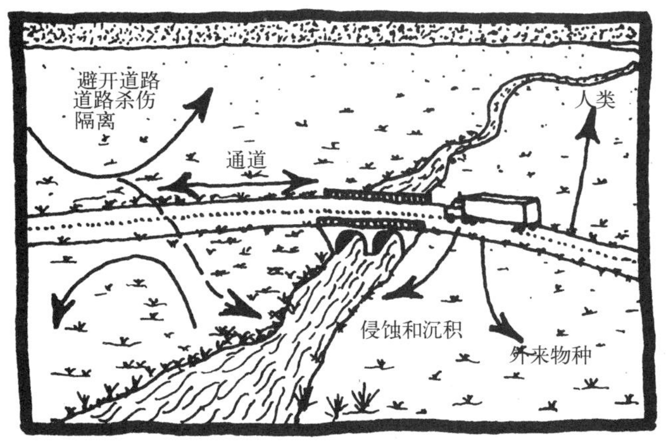

C8. 道路和其他“槽式”廊道

道路、铁路、电线和铁路廊道通常是完全连接且相对笔直的，并且容易受到经常性的人为干扰。因此，它们一般作为障碍将物种种群划分为复合种群；主要作为一些抗干扰物种的通道；同时作为侵蚀、沉积、外来物种和人为影响的源。

C9. 风蚀及其控制

适度的风有选择性地将土壤中的细小颗粒吹到很远地方，同时较强的风通常只能将中等大小的颗粒吹出几十米远。风蚀的控制减少了主导风向的农田大小，同时在某些时候，特别是在容易受旋风、气流或加速的流线性气流影响的地方，能起到维护植被、耕地或土壤的作用。

溪流和河流廊道

C10. 河流廊道和溶解的物质

由于受到摩擦、根系吸引、黏土和土壤有机质的影响，氮、磷和其他有毒溶解物质在进入河道前受到植被廊道控制，并且防止河流水质降低。通常一条较宽而且植被覆盖良好的廊道所起到的效果越好。

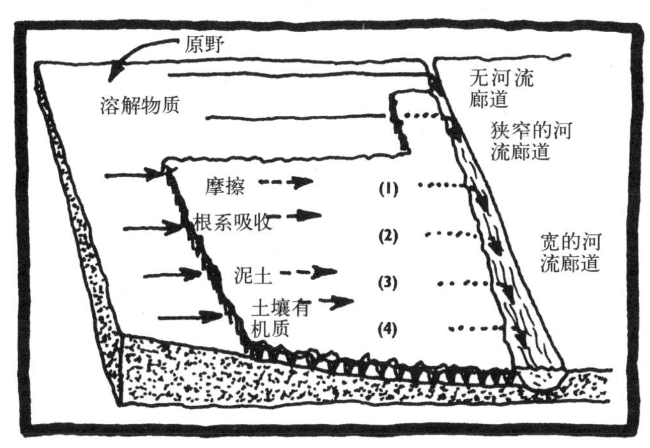

C11. 主要溪流的廊道宽度

为了维护自然过程，对于一个二级到四级河流廊道而言：在两岸维持一个内部和边缘生境，其宽度应该足够控制溶解物质从基质输入河道；同时为高地内部物种提供迁移通道；并且为被海狸洪水（beaver flooding）或侧面的河道迁移所替代的河漫滩物种提供适宜的生境。

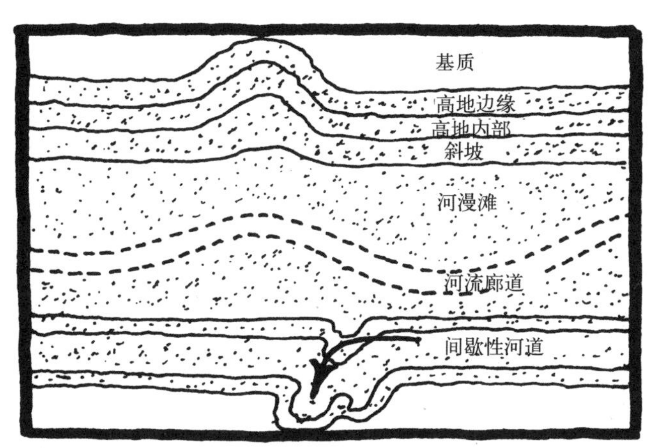

C12. 河流的廊道宽度

为了维护自然过程，一个五级到十级的河流廊道应在两侧保留高地内部生境，为高地内部物种和被河道迁移所替代的物种提供迁移通道。此外，沿河漫滩横向维持至少一个呈“阶梯格局”的大型斑块，它不仅提供了一个水文“海绵”，而且在洪水期间捕获沉积物，为水生食物链提供土壤有机质，为鱼类生境提供木料，同时还为稀有的河漫滩物种提供生境。

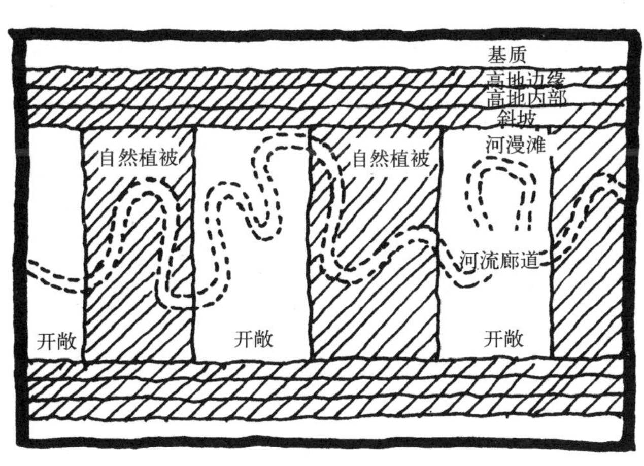

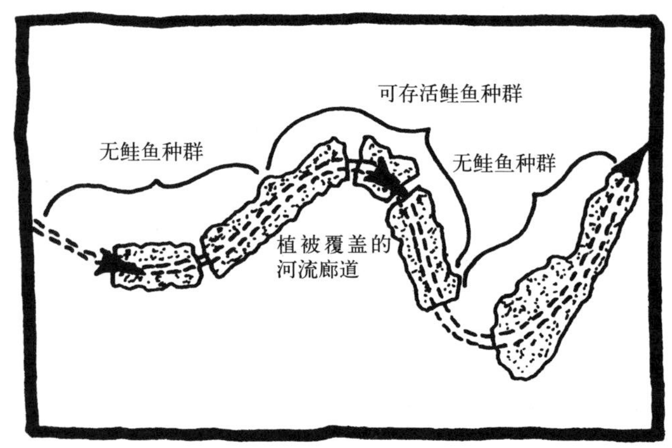

C13. 一条河流廊道的连接度

一条植被覆盖的河流廊道的宽度和长度相互作用或共同决定了河流的过程。一条连续的河流廊道，如果没有大的间隙，那么对于维持水生条件至关重要。这些条件包括，较低的水温、高氧含量等。如果没有这些基本条件以及其他一些生理条件，某些鱼类如鲑鱼的种群将不能生存下去。

主要参考文献

Bennett, A.F. 1991. “Roads, roadsides and wildlife conservation: a review.” In Saunders, D.A. and R.J. Hobbs, eds. *Nature Conservation 2: The* Role *of Corridors.* Surrey Beatty, Chipping Norton, Australia, pp. 99-108. [Road barriers]

Binford, M. and M.J. Buchenau. 1993. “Riparian greenways and water resources.” In Smith, D. S. and P.C. Hellmund, eds. *Ecology of Greenways. Design and Function of Linear Conservation Areas.* University of Minnesota Press, Minneapolis, Minnesota, pp. 69-104. [Stream and river corridors]

Brandle, J.R., D.L. Hintz and J.W. Sturrock, eds. 1988. Windbreak Technology. Elsevier, Amsterdam. (Reprinted from *Agriculture, Ecosystems and Environment* 22-23, 1988). [Windbreaks]

Chasko, G.G. and J.E. Gates. 1982. “Avian habitat suitability along a transmission-line corridor in an oak-hickory forest region.” *Wildlife Monographs* 82, pp. 1-41. [Powerline corridors]

Date, E.M., H.A. Ford and H.F. Recher. 1991. “Frugivorous pigeons, stepping stones and weeds in northern New South Wales.” In Saunders, D.A. and R.J. Hobbs, eds. *Nature Conservation 2: The Role of Corridors.* Surrey Beatty, Chipping Norton, Australia, pp. 241-245. [Stepping stones]

Forman, R.T.T. 1995. *Land Mosaics: The Ecology of Landscapes and Regions.* Cambridge University Press, Cambridge. [Stream corridor, road and windbreak barriers, and corridor and stepping stones for species movement]

Harris, L.D. and J. Scheck. 1991. “From implications to applications: the dispersal corridor principle applied to the conservation of biological diversity.” In Saunders, D.A. and R.J. Hobbs, eds. *Nature Conservation* 2: *The Role of Corridors.* Surrey Beatty, Chipping Norton, Australia, pp. 189-220. [Corridor for species movement]

Oxley, D.J., M.B. Fenton and G.R. Carmody. 1974. “The effects of roads on populations of small mammals.” *Journal of Applied Ecology* 11, pp. 51-59. [Road barriers]

Saunders, D.A. 1990. “Problems of survival in an extensively cultivated landscape: the case of Carnaby’s cockatoo, Calyptorhynchus funereus latirostris.” Biological Conservation 54, pp. 277-290. [Stepping stones]

Saunders, D.A. and R.J. Hobbs, eds. 1991. Nature Conservation 2: The Role of Corridors. Surrey Beatty, Chipping Norton, Australia. [Corridor for species movement]

See additional references on page 74

镶嵌体

景观的总体结构和功能的完整性可以通过格局和尺度两个指标来衡量。检验一处景观生态健康的指标是衡量当前自然系统的总体连通性。廊道之间通常相互连接并形成网络，网络包围着其他景观要素。网络通过连通性、线路和网眼尺寸来评断。网络强调景观功能的重要性，而且规划师和景观设计师可以用其促进或阻止穿越土地镶嵌体的流与运动。

英格兰带有林地的树篱网络，R·福曼提供。

景观破碎是一种普遍存在的景观格局，它通常伴随着生境的丧失和隔离。同时，破碎化被看作是土地“变性”的过程之一，这些过程一起作用都可能导致生境的减少和隔离。火灾、食草动物的入侵等自然干扰的过程也可能导致景观的破碎化。然而，由于人类活动导致了大范围的土地镶嵌体的改变，破碎化已成为一个全球性的土地政策问题。

美国怀俄明州不同尺度的镶嵌体格局，R·福曼提供。

在寻求应付持续不断的生境减少和隔离的相关策略时，破碎化发生的空间尺度是一个值得关注的重要因素。例如，在一个小尺度上被认为是破碎化的生境可能在一个大尺度上被当作是一个完好的生境。只有通过从不同尺度（可能至少三个尺度）上认识并解释景观的变化过程，规划师和设计师才能最好地保护生物多样性与自然过程。

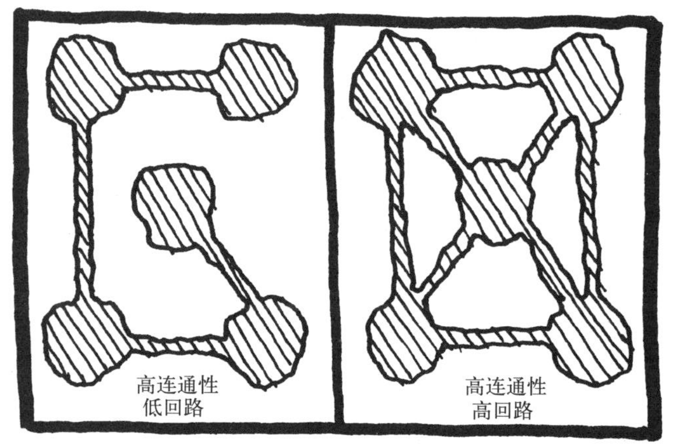

网络

M1．网络的连通性和回路

网络的连通性（即廊道连接节点的程度）与网络的回路（即网络可提供的环路和可选择性路径的程度）一起，反映了一个网络的复杂程度，同时是评价物种迁移的连接有效性的一个总体指标。

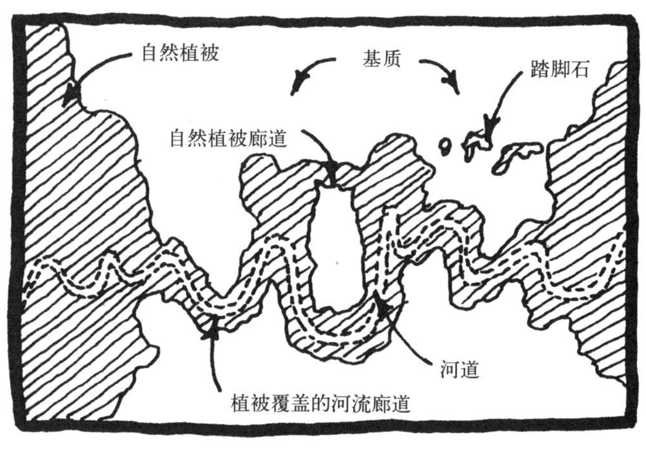

M2．环路和可替代路径

网络中的可替代路径或环路减少了廊道内可能出现的裂口、干扰、捕食者和猎人对物种运动产生的负面影响，因此增加了物种运动的效率。

M3．廊道密度与网眼尺寸

当网络的网眼尺寸减小时，将使想要避开网络中的廊道或受这些廊道阻碍的物种存活的可能性急剧下降。

M4．交汇效应

在自然植被廊道的交汇处，通常会存在一些内部物种，而且这里的物种丰富度也会比网络中的其他地方的要高。

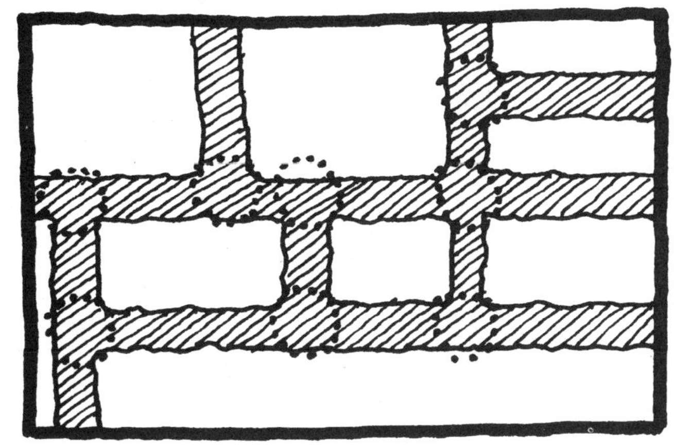

M5．小型连接斑块里的物种

在同样面积大小的情况下，与一个廊道网络隔离的斑块相比，与该网络相联系的小型斑块或节点，可能含有稍多一些的物种和更低的本地物种灭绝速度。

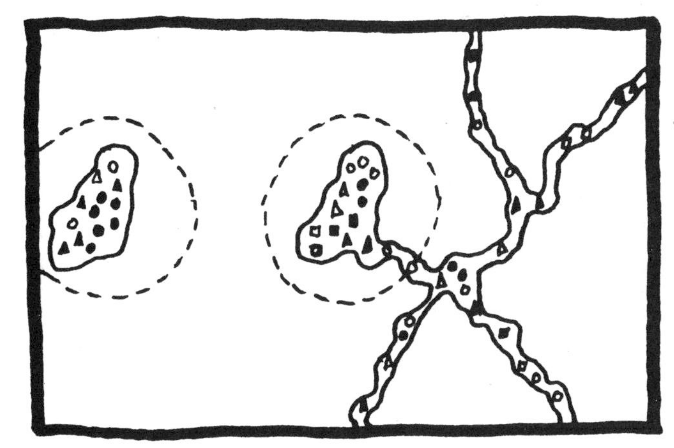

M6．扩散

沿现有网络分布的小型斑块或节点，能够有效地为物种个体提供停留、繁殖所需要的生境，从而提高了扩散中的个体的存活几率，因此使网络中存在更多的扩散个体。

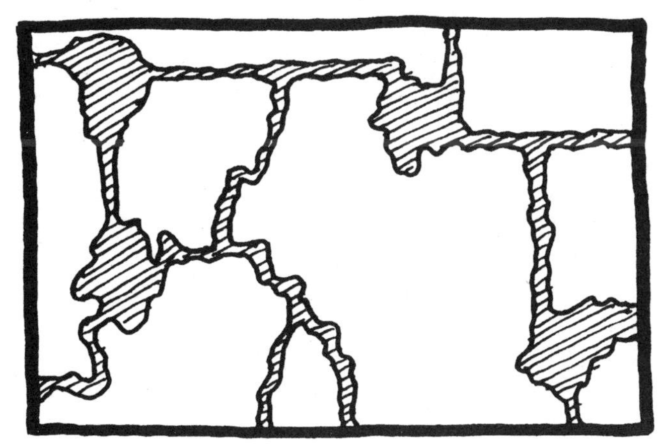

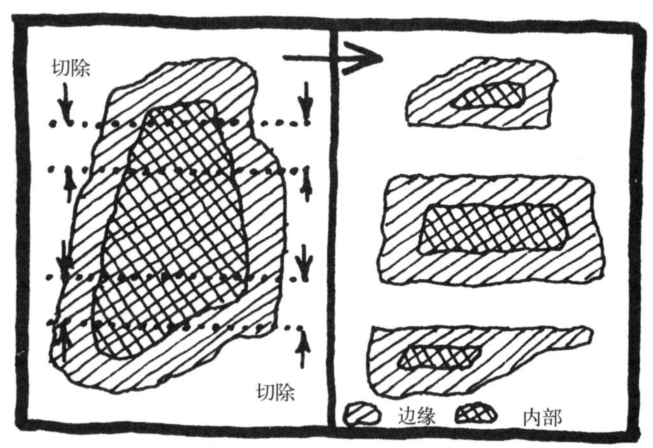

破碎化与格局

M7. 生境总损失与内部生境损失比较

破碎化将使得景观中特殊生境类型的总量减小，而且会导致更大比例的内部生境的减少。

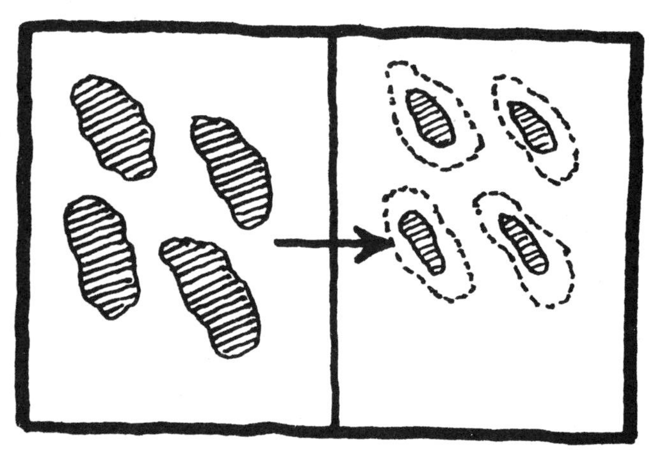

M8. 碎斑块

碎片状的结构是景观过渡的自然反应，其中分离的斑块通常作为一整体对外界干扰产生相似的反应。不管这些斑块变小或变大，它们的结构联系或格局仍然基本保持不变，直到遇到特别强烈的干扰。

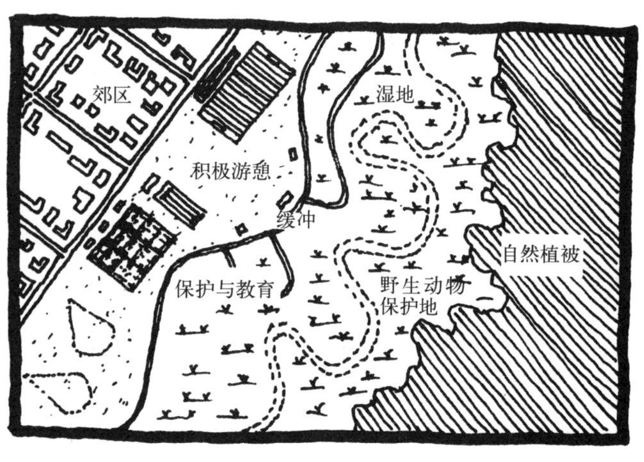

M9. 郊区化、外来物种和保护地区

在景观的郊区化及随之而来的外来物种的入侵的情况下，生物多样性保护区或自然保护区可以通过使用缓冲带，以及采取对外来物种的严格控制措施，来防止外来物种入侵所带来的危害。

尺度：细还是粗？

M10. 镶嵌体的颗粒大小

一个包含有细颗粒用地的粗颗粒景观最有利于给大斑块提供生态优势、多生境物种（包括人类）以及大范围的环境资源和条件。

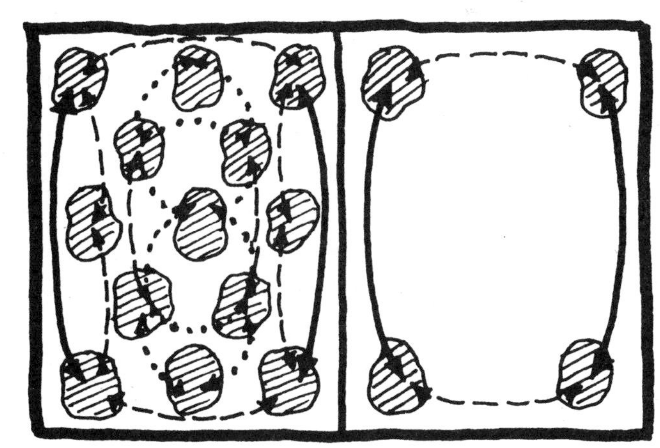

M11. 动物对破碎化尺度的感知

破碎化程度很高的生境通常被生活范围较广的物种作为连续的生境使用，然而这个高度破碎化的生境对于除了生活范围最大的大型动物外的所有物种都是不连续的。

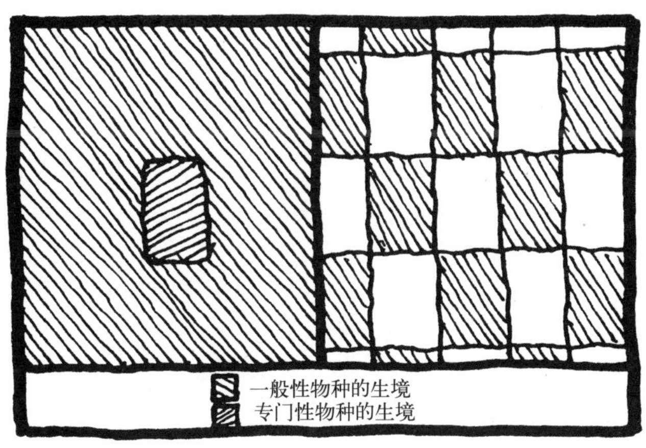

M12. 专门性物种与一般性物种

专门性物种比大小相似的一般性物种更可能受到细微破碎化的负面影响。

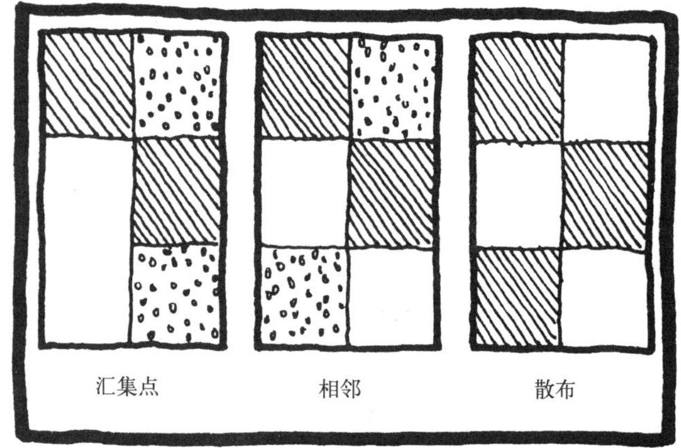

M13. 多生境物种的镶嵌体格局

多生境物种受益于汇集点（三个或多个生境交汇的连接处）、相邻位置（相邻的生境类型不同的混合）和生境散布点（生境分散而非聚集）。

主要参考文献

Arnold, G.W. 1983. "The influence of ditch and hedgerow structure, length of hedgerows, and area of woodland and garden on bird numbers in farmland." *Journal of Applied Ecology* 20, pp. 731-750. [Scale]

Forman, R.T.T. 1995. *Land Mosaics: The Ecology of Landscapes and Regions.* Cambridge University Press, Cambridge. [Networks, fragmentation, and pattern]

Forman, R.T.T. and J. Baudry. 1984. "Hedgerows and hedgerow networks in landscape ecology." *Environmental Management* 8, pp. 495-510. [Networks]

Franklin, J.F. and R.T.T. Forman. 1987. "Creating landscape patterns by cutting: ecological consequences and principles." *Landscape Ecology* 1, pp. 5-18. [Fragmentation and pattern]

Hobbs, R.J. 1995. Landscape ecology. *Encyclopedia of Environmental Biology* 2, pp. 417-428. [Fragmentation and pattern]

Knaapen, J.P., M. Scheffer and B. Harms. 1992. "Estimating habitat isolation in landscape planning." *Landscape and Urban Planning* 23, pp. 1-16. [Fragmentation and pattern]

Landers, J.L., R.J. Hamilton, A.S. Johnson and R.L. Marchington, 1979. "Foods and habitat of black bears in southeastern North Carolina." *Journal of Wildlife Management* 43, pp. 143-153. [Fragmentation and pattern]

Lyon, L.J. 1983. "Road density models describing habitat effectiveness for elk." *Journal of Forestry* 81, pp. 592-595. [Networks]

Noss, R.F. and L.D. Harris. 1986. "Nodes, networks, and MUMs: preserving diversity at all scales." *Environmental Management* 10, pp. 299-309. [Networks and scale]

Saunders, D.A. 1989. "Changes in the avifauna of a region, district and remnant as a result of fragmentation of native vegetation: The wheatbelt of Western Australia. A case study." *Biological Conservation* 50, pp. 99-135. [Fragmentation and scale]

See additional references on page 77

第二部分：实践应用

概述

在土地利用规划和景观设计学专业内，有数不尽的复杂和看似毫无关系的决策发生。在一个项目的分析过程中，大量的社会、法律、人口、地形、微气候和其他一些具体场地的信息同时被加以考虑。然而，在场地分析时几乎很少用到更大范围的景观生态学分析方法，这是一种强调在更大的景观或区域生态背景下，考虑一个特定的土地利用规划或景观设计所带来影响的方法。

接下来的部分展示了一系列（1）假定的或图解性的应用项目，以及（2）实际案例（简要介绍）。这些案例共同说明了土地利用规划师和景观设计师可以如何（或已经怎样地）将景观生态学原理应用到他们的工作中去。所举例项目的尺度和类型范围都很广泛。

图解性或概念性的景观变化被应用在空间尺度多样的六个案例中。这些应用阐述了景观中一个问题或建议的变化，并且描绘了“更好的”和“更差的”设计，以及相关的基本原理。

第一个部分介绍了一个包含有农村、郊区和森林用地的典型景观类型。一系列的景观生态要素，如生境斑块、河流廊道、野生动物迁移廊道、道路和电线、自然边缘和边界以及人工的边缘都在此进行了说明。这种异质的景观类型加上这种所代表的方法，被广泛应用在美国的许多地区，以及欧洲、南美和俄罗斯等地。除此之外，人类开发与建设的脚步遍布世界上大多数地区。

这些应用在典型的农业 - 郊区 - 森林地区的原理同样可以用于滨海、沙漠或山地景观。土地利用规划和景观设计通常会借鉴一种经过归纳的自然变化。与某一土地利用变化或设计建议相比，最值得关注的是这些变化或设计所带来的后果。例如，这个设计建议会在一个动物迁移廊道中造成一个裂口吗？这个土地利用规划减少了该自然生境里某个重要斑块的大小或改变了其形状吗？又或者，这一系列同样的景观生态原理是否能够用在一个居住区或一个国家公园的尺度上呢？

本部分选择的具体的案例研究，用以说明景观生态学原理是如何应用到实际或建议的项目中的。这些案例研究都来自于自然科学类的、规划类的和其他类的期刊。它们来自世界各地，并且都在一定程度上将景观生态学运用到了设计概念和最后的实践中。一些案例以经验性的证据表明，这些原理在规划或设计中，是如何改善或维护特定景观或区域的生态功能完整性的。

值得注意的是，通过在工作中引用景观生态学方法，土地利用规划师和景观设计师的确有能力为环境的整体生态健康做出突出的贡献。今后将会有大量的这些基于景观生态学的工作被作为案例进行记录。我们衷心地希望本书的读者的工作也会像本书中的案例一样公开。

图解应用

下面的六个图解性的应用案例用来说明不同尺度的景观生态学原理，包括从宏观或区域尺度到微观或场地尺度。虽然这些案例跨越了不同的尺度，但是本节也表明，这些原理都是适宜而有效的，而不管这个项目的尺度如何。

这六个项目分别是：

宏观或区域尺度

一个区域级野生动物保护公园

一个新的郊区开发项目

中观或景观尺度

一条新道路

一个城市公园

微观或场地尺度

一系列后院花园

一条野生动物迁移廊道

地图及关键的现状信息

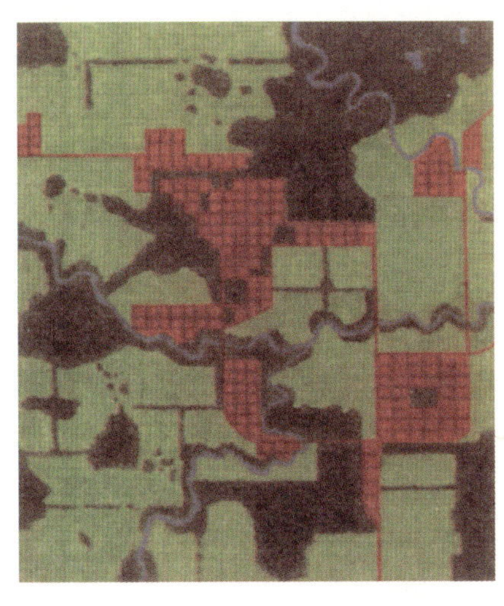

无比例

农业用地

河流 / 溪流

森林 / 树林

水体

细分地块 / 开发用地 / 街道

宏观或区域尺度

一个区域公园

问题：

从总体上考虑应该将一个区域公园布置在哪里？或者更具体地，如何在这个公园里对不同等级密度的土地利用进行规划？

区域范围

在农业景观基质内城市/郊区开发地与自然林地交错的场地。

研究范围

最大的自然森林斑块与最大的郊区开发地区邻近。

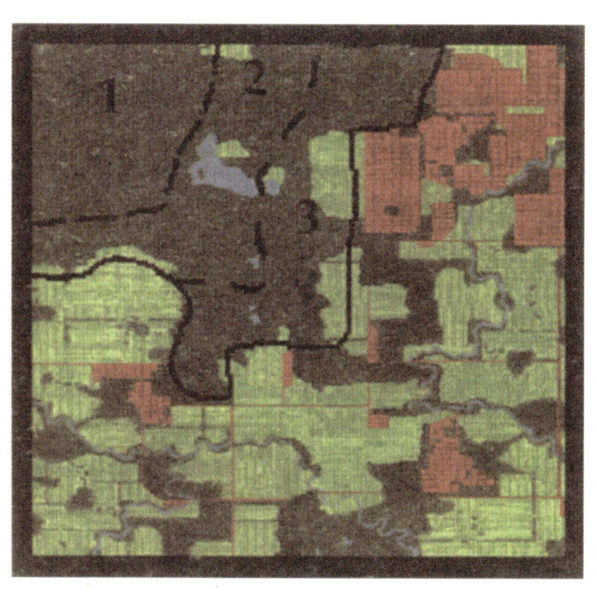

"较好"的设计

1. 保护区（1）形状尽可能地接近圆形

2. 被动使用区（2）作为保护区与主动使用区之间的缓冲带

3. 主动使用区（3）靠近郊区化地区

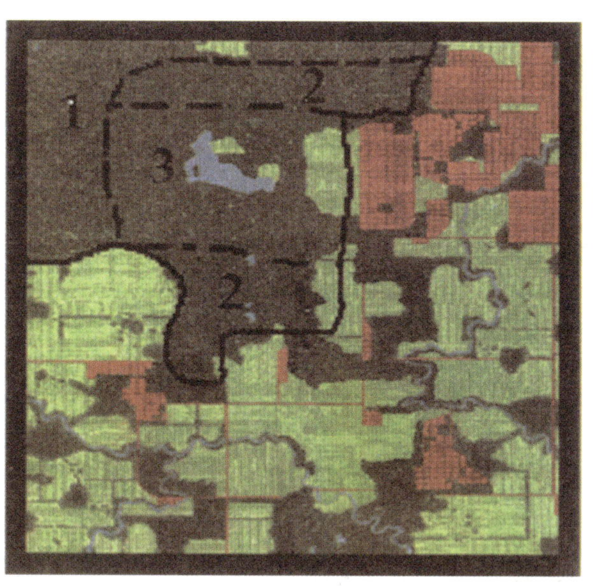

"较差"的设计

1. 保护区（1）在形状上不类似圆

2. 被动使用区（2）没有形成连续缓冲带的效应

3. 整个湖都处于主动使用区（3）内

4. 主动使用区与保护区靠得更近

宏观或区域尺度

一个新郊区开发项目

问题：

如何理想地定位一个给定数量的郊区开发项目？

区域范围

在农业景观基质内城市／郊区开发地与自然林地交错的场地

研究范围

需要被考虑的两项：

1）在大的森林斑块内；并且

2）与现有的郊区开发项目靠近

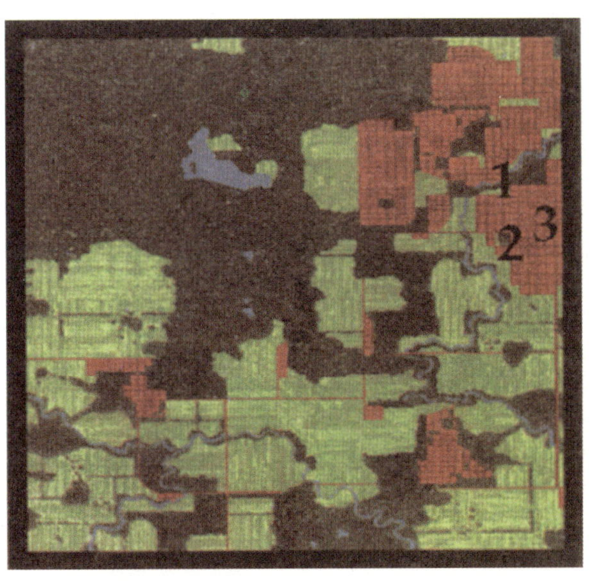

"较好"的设计

1. 使河流廊道变窄，但并不使其完全断开

2. 减小森林斑块的尺度，并使斑块被郊区开发围绕

3. 保证新的郊区开发项目集中在现有郊区化的范围内

"较差"的设计

1. 物种环湖的运动受阻

2. 湖泊的富营养化及其他污染

3. 外来物种入侵到更大的森林用地（这片森林地块之前是未被干扰的，或者是说被侵入的）

4. 树林廊道被道路和铁路隔断

中观或景观尺度

一条新建的道路

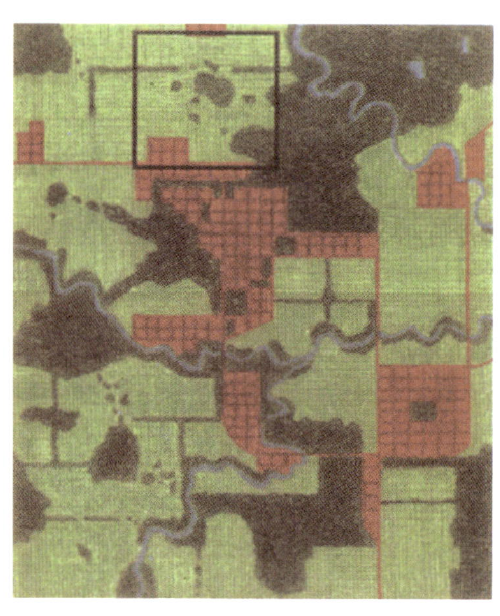

区域背景

在农业景观基质内城市/郊区开发地与自然林地交错的场地

研究范围

农业用地内散布着小型残余自然植被斑块

"较好"的设计

1. 防护林之间增加了障碍
2. 来自道路边的外来物种向农田扩散

"较差"的设计

1. 最大的"地方性"斑块被切断
2. 小斑块被切断或消除
3. 防护林之间增加了障碍
4. 来自道路边的外来物种向林地内和农田扩散

中观或景观尺度

郊区公园用地扩张

区域背景

在农业景观基质内城市 / 郊区开发地与自然林地交错的场地

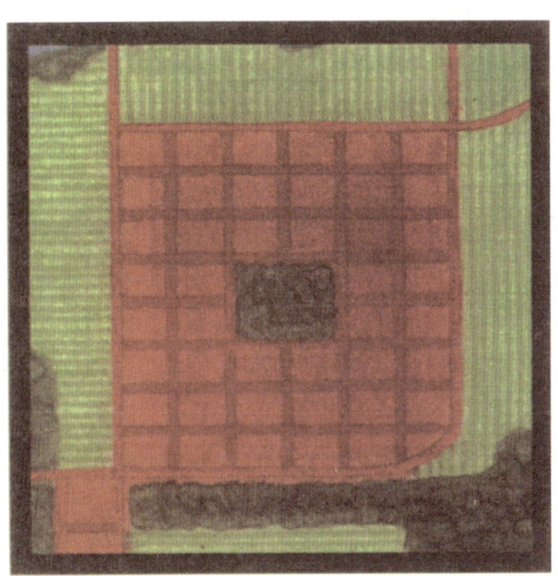

研究范围

郊区公园的用地扩张

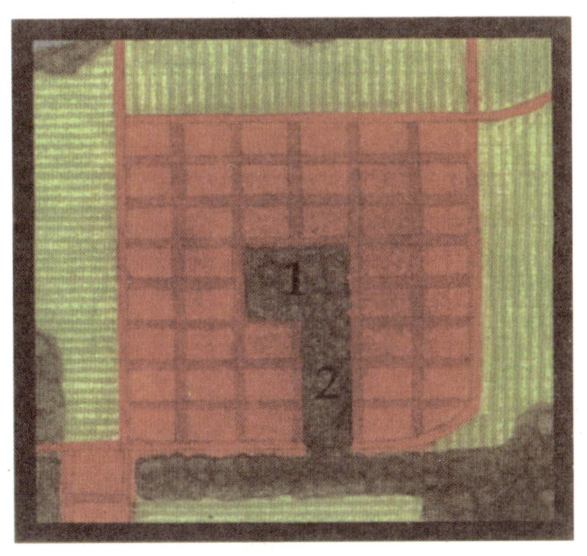

“较好”的设计

1. 现状公园用地：总面积净增加

2. 公园与郊区边缘的现有自然植被廊道相连

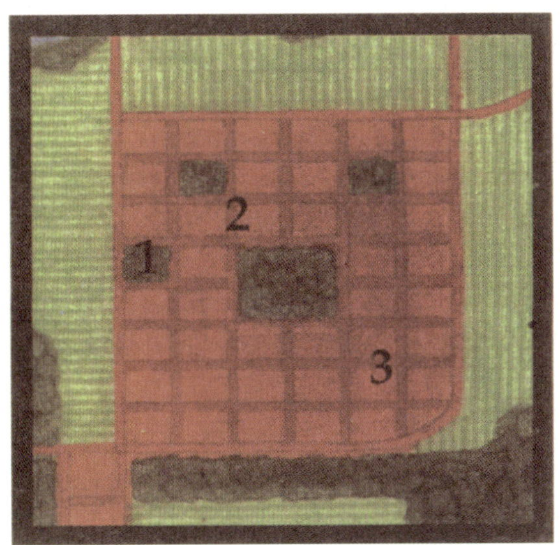

“较差”的设计

1. 在靠近开发用地的边缘部分增加一系列小的、“口袋”状公园

2. 在新建公园与现存更大（比新建公园大的）的公园间增加了障碍

3. 与郊区化地区外的自然植被区没有联系

微观或场地尺度
一系列后花园

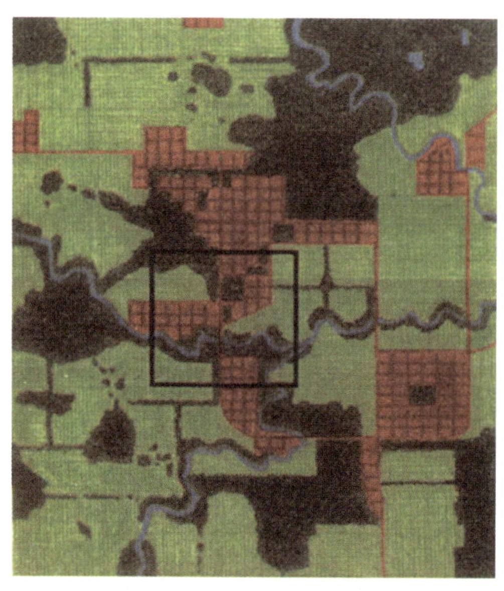

区域背景

在农业景观基质内城市／郊区开发地与自然林地交错的场地

研究范围

靠近受保护的滨河廊道的郊区房地产开发

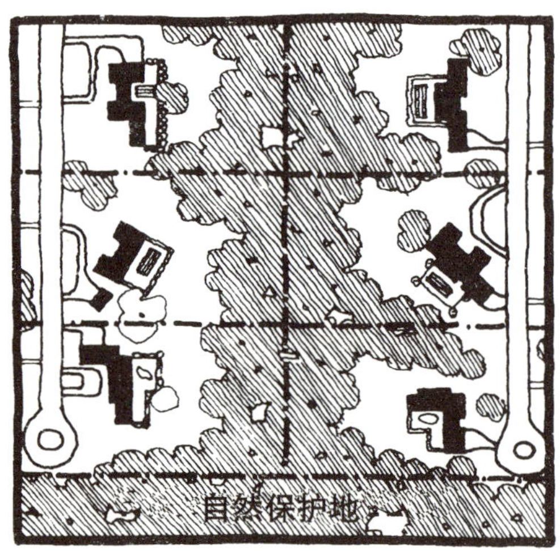

"较好"的设计

1. 连续的植被廊道与房屋后院保护连通

2. 房屋的外墙缩进并与道路保持最小距离，同时与植被廊道间距保持最大化

3. 尽量使用乡土植被，以使外来物种扩散所造成的威胁最小化

"较差"的设计

1. 植被廊道狭窄并且不连续；减少了关键物种的运动

2. 房屋的外墙后退与道路的距离过大，而与植被廊道的距离过短

3. 外来物种的使用和传播，增加了其对自然植被的干扰威胁

微观或场地尺度

一条野生动物迁移廊道

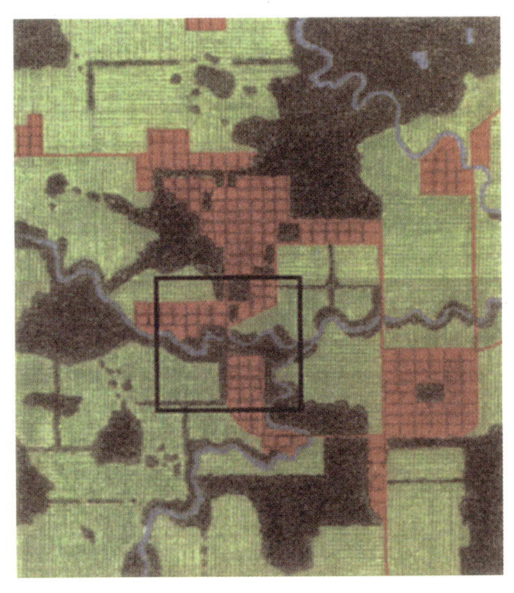

区域背景

在农业景观基质内城市/郊区开发地与自然林地交错的场地

研究范围

相交的道路、滨河廊道与农田

"较好"的设计

1. 道路和桥梁的位置允许其下滨河廊道两边的物种进行迁移

2. 原封不动地保留乡土植被以提供连续的廊道

"较差"的设计

1. 道路和桥梁的位置不允许其下滨河廊道两边的物种迁移

2. 清除掉了乡土物种，导致迁移廊道产生断裂

简要案例

下面的案例研究代表了世界各地一系列尺度和类型的景观。案例研究包括基于景观生态学的关于“合理”与“不合理”的规划。景观生态学在土地利用规划和景观设计学中的应用并不能确保项目的成功。读者能够通过这些不同尺度应用景观生态学原理的项目中学到不少知识，当然更多的信息可以从每个案例后的参考文献中获取。

1．中观尺度。河流廊道：凯瑟密河流湿地、河道与河漫滩恢复（美国佛罗里达州）

在凯瑟密（Kissimmee）河渠化 20 年后，负面的生态效应越来越明显。原先渠化时的初始目标（既控制洪水、改善通航条件以及为牧牛提供更多的用地）现在已经被项目的高花费所破坏：(1) 从一条弯曲的河流变成一条没有生物用途的深深的运河；(2) 排干了大多数的河漫滩湿地，降低了周围的环境水位；(3) 由于需要维持一个常水位，留存的湿地也逐渐退化；(4) 改变了对于鱼类、野生动物和迁徙水禽非常关键的季节性水流格局。

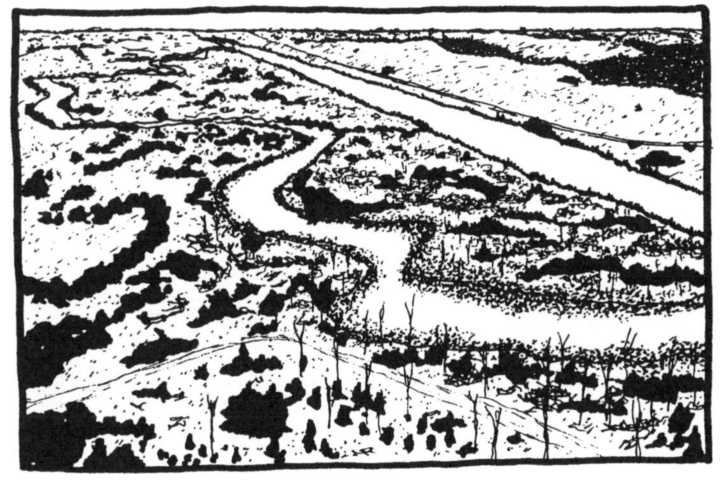

渠化河流和恢复后的河漫滩

这个恢复项目才刚刚开始，并且包含了一系列的设计建议，以帮助佛罗里达中部重新获得原有滨河景观和系统的生态结构和功能。该项目完成后，将成为迄今为止最大的滨河廊道及相关的湿地、河漫滩的恢复项目。最大限度恢复该系统水文功能的可行性已在实验区进行过实验。整个项目的三个主要目标都是恢复：(1) 水质，(2) 水位波动，以及（3）自然资源的价值。通过关注于该系统的功能，比如说水流和动物的运动，有望迅速地使这个景观的结构或格局得以改善。

参考文献：

Karr,James R.,1988. “Kissimmee River: Restoration of Degraded Resources.” *Proceedings Kissimmee River Restoration Symposium*,S.Florida Water Mgmt.Dist.,W.Palm Beach,FL.

(Also see one issue of *Landscape and Urban Planning*,1995)

2. 宏观尺度。区域廊道：山脉到海峡（Mountains to Sound）绿道，一个游憩／自然保护区（美国华盛顿）

这个区域绿带提案是一个总体规划框架，其主要目标是在西雅图附近一个快速郊区化的地区，如何实现开发与保护共存。其中主要的策略是通过使用一条约100英里长的绿道，保护和连接自然生境斑块。它将人类娱乐区与广大的荒野地结合，有助于保护这个地区的生态多样性。其中整合了人类游憩区以及不断增加的用以保护该区域生物多样性的野生动物地区。

该提案举例说明了在这里所讨论的许多景观生态学原理。首先，为保护多个具有游憩功能的保护区，布置了一系列的位于不受干扰的自然生境和人类开发地区之间的“缓冲带”；其次，一系列的“踏脚石”保护地通过一个连续的廊道网络进行连接，不仅促进了动物的迁移，同也还为大量的物种提供了受保护的生境。

参考文献：

Kobayashi,Koichi,ed.,1995. “Jones & Jones: Ideas Migrate...Places Resonate.” Process Architecture,no.126,p.49.

3. 中观尺度。大型斑块和镶嵌体：“林业上的新应用”（美国缅因州）

该提案为更好地管理缅因州的云杉-冷杉林的林木生产，提出了一个基于景观生态学的策略。其中强调了两个基本的原理和技术：(1)在林冠上创造并维持垂直多样性；(2)确保由古树构成的生物“遗产”转化为能更新的林分。

这些内在的原理被转化为一系列具体的、策略性的实践措施，以维持生态上更加合理的土地利用镶嵌格局。该项目的基本的目标是维护该区域的生物多样性格局。在景观层次上，有三种森林斑块类型被确定：(1) 高产植被；(2) 较低产出（即“新林地”）地区；以及 (3) 保护区。该提案要求这三类地区作为大型斑块在景观中布局，从而创造一种粗颗粒的景观镶嵌体。新林业地区是作为保护区与高产植被区之间的缓冲带而存在的。此外，一系列的砍伐尺寸也出台了，它们根据现有的空间布局与破碎化的情况，以及社会和美学价值进行空间布局。

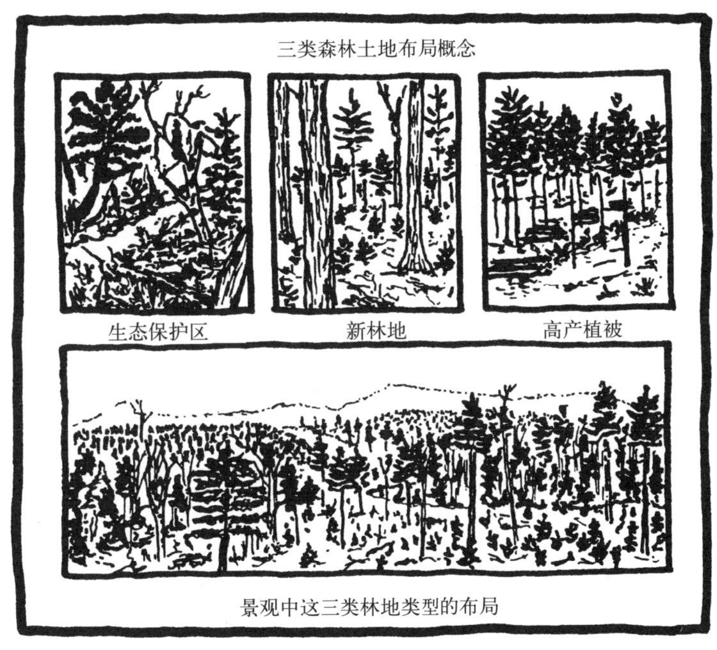

景观中这三类林地类型的布局

参考文献：

Seymour,Robert S.and Malcolm L.Hunter,Jr.,1992. “New Forestry in Eastern Spruce Forests：Principles and Applications to Maine,” *Pub.No.716,*Orono,ME.

4. 宏观尺度。廊道：跨国的野生动物（鹿）廊道（意大利／瑞士）

在位于意大利和瑞士的两个野生动物保护区之间建立了一条跨国生物廊道，用于维护和恢复红鹿（类似于麋鹿）每年的迁徙路径。

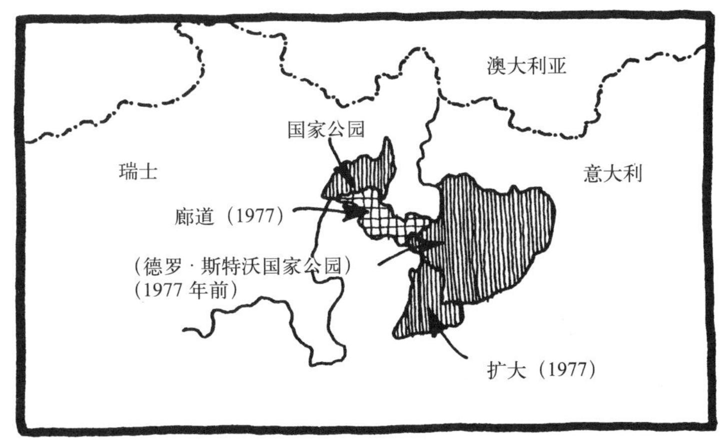

跨国红鹿迁移廊道

这两个保护区的总面积超过 1000 平方公里，同时廊道面积大约有 150 平方公里，并且穿越不同的高程。鹿的迁徙格局包括在冬季低海拔的开放草地到夏季高山地区之间的迁移。

参考文献：

Harris,L.D.,and J.Scheck,1991. “From implications to applications：the dispersal corridor principle applied to the conservation of biological diversity.” In Saunders,D.A.,and R.J.Hobbs,eds.,*Nature Conservation 2:The Role of Corridors.*Surrey Beatty,Chipping Norton,pp.189-220.

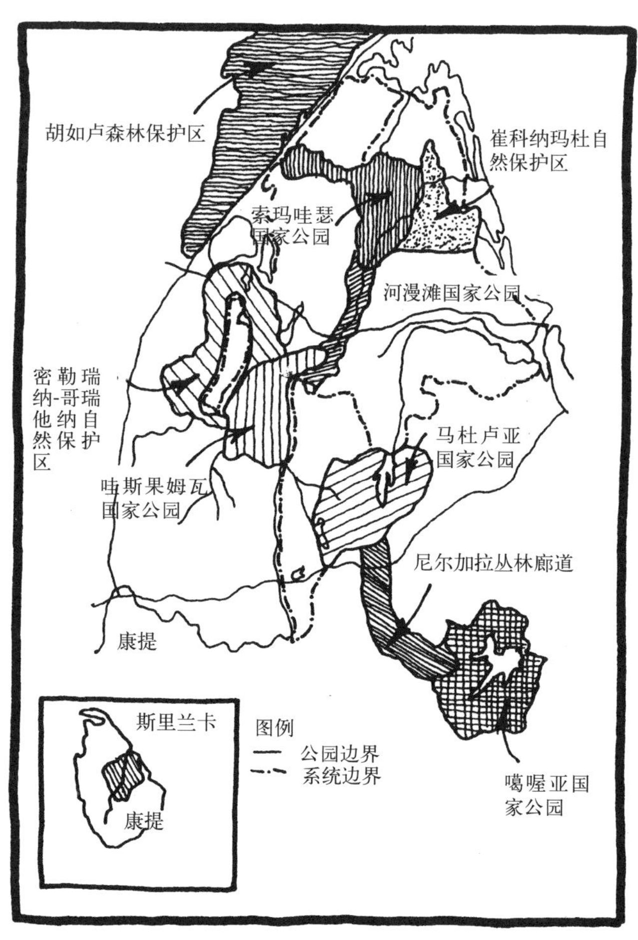

大象网络

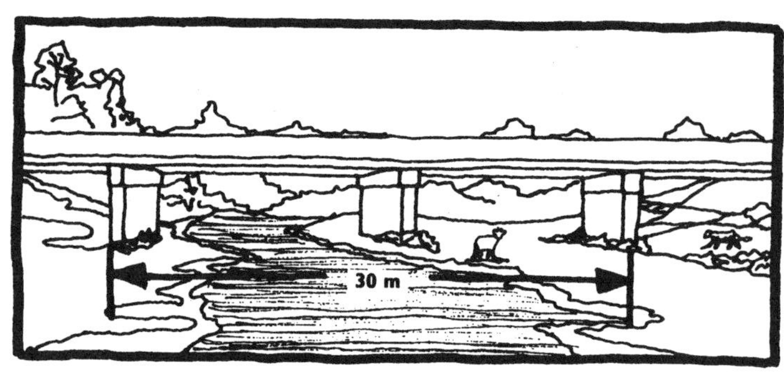

为水流和野生动物迁移用的道路下方通道

5. 中观尺度。网络：大象和其他森林物种（斯里兰卡）

在斯里兰卡，一个经过仔细研究的完整的动物区系廊道系统被建立，主要为大象和其他森林物种服务。地图显示了保护区以及连接它们的廊道。该保护网络的总面积约占整个国土面积的20%。与上文提到的瑞士/意大利红鹿廊道案例类似，这一系列的保护区为大象的繁殖、取食和季节性的迁移提供了大量的生境。

参考文献：

Harris,L.D.,and Scheck,*ibid.*,pp.189-220.

6. 中观尺度。道路交叉口：沿高速公路分布的动物高架桥下通道（美国佛罗里达南部）

为野生动物保护和水流的需要，在州际75号高速公路下设立了近30个高架桥下通道。这条公路联系了那不勒斯、劳德戴尔堡（Ft. Lauderdale）以及迈阿密，同时穿越了大沼泽地区的北部边缘地带，成为世界上最大的野生动物廊道项目。同时在附近的洲际公路上，其他较小的桥下通道也正在建设过程中。若是没有适宜的设计考虑，这条宽大的高速路可能已经将这个全州最大和最重要的生境给一分为二。

本项目的主要目标是减少道路对濒危物种佛罗里达黑豹造成的伤害。大量的黑豹穿越下部通道的事件被记录下来，同时道路伤害减少。至今，这项措施对这种稀有动物数量的影响还未能精确统计。但这些下方通道同时也被鹿、美洲鳄、美洲野猫之类的许多物种所利用，从而产生了额外的价值。这些道路下方的通道已被证实是减少道路造成的阻碍和隔离影响的一个有效的措施。

参考文献：

Smith,D.S.1993. “Greenway case studies.” In Smith,D.S.and P.C.Hellmund,eds.,*Ecology of Greenways.Design and Function of Linear Conservation Areas.*Univ.of Minn.Press,Minneapolis,pp.161-208.

7. 宏观尺度。野生动物通道：一种濒危物种的迁移（澳大利亚新南威尔士）

在澳大利亚东南部地区，一种濒临灭绝的有袋物种——山地矮负鼠的生境被一条新建的主干道所破坏。一条地下隧道的修建成功地将这个生境连接了起来，满足了该物种独特的、特殊的生境需求。

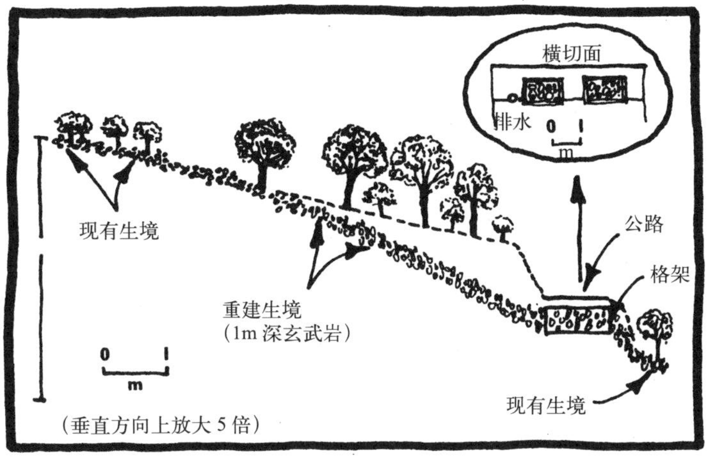

这条野生动物迁移通道的修建尽量地模拟了该物种的乡土生境，这样有助于种群正常的季节性扩散，而先前这种扩散受道路所阻隔。随着这条隧道的建成，该物种在这块受干扰的不连续的地区的存活和扩散速度，已经与附近未受干扰地区的类似。

野生动物通道建于道路下方

由于越来越多的生境被道路和开发切断和破坏，我们必须认真考虑应用譬如路下通道、隧道和地上通道之类的连接生境之间的人工措施。与关键性物种相关的生境需求和社会组织知识对于通道的设计非常关键。之后我们就可以确定规划和设计人造的连接（通道）是否是一个适宜的管理策略。

参考文献：

Mansergh,I.M.,and D.J.Scotts,1989. “Habitat continuity and social organization of the mountain pygmy-possum restored by tunnel.” *Journal of Wildlife Management* 53；pp.701-707.

8. 微观尺度。允许季节性繁殖迁移的两栖动物隧道（德国及其他地区）

许多两栖类动物必须从位于高地的生境迁移到地势相对低的池塘或者其他水体，以完成它们的繁殖过程。而道路往往会将池塘与高地分隔开。为了使两栖动物在道路下面季节性的迁移更加有效，德国和其他一些欧洲国家，以及美国，都采取了不同的设计方式。

两栖动物隧道嵌入道路表面

大多数地沟涵洞的方案都被认为是失败的，这主要是因为大量的死亡率、捕食、不充足的光线或通风、积水、在隧道末端缺少光线，以及引导两栖动物通往隧道入口处的“漂浮篱”的设计不到位等因素造成。

然而，那些针对于这些问题的设计方案就成功地促进了这种迁移。在设计前需要注意的最重要的一点是，应该使隧道为动物们提供在道路两侧生境之间的双向的可达性，许多不成功的设计往往仅允许物种的单向穿越；其次需要考虑的是保证位于地下的隧道中有足够的光照和空气，如果没有光和空气，许多两栖动物就不能成功地穿越道路。一些研究表明，在高峰期的季节性、产卵相关的两栖动物迁移，封路的做法是特别成功的。

参考文献：

Langton,T.E.S.,ed.,1989. “Amphibians and roads,” Aco Polymer Products,Bedfordshire,UK.

9. 中观尺度。斑块位置和大小：新森业／用材林（荷兰）

新森林的选址主要是考虑到了生物多样性、游憩和伐木的需要。关于保护和提高生物多样性，有两个最重要的考虑因素：(1) 森林斑块的面积以及关键的面积依赖物种的种群动态；(2) 森林斑块在周围基质中的布局，特别是周围林地的总面积以及与最近林地间的距离。

一些大的森林斑块比许多小斑块被认为更加优越。通过计算机的模拟模型，本研究找到了为增加所选关键物种种群数量的，新选择的森林斑块的最佳位置。在带有合理密度的分散林块的农田景观里，将建立大的、新的森林斑块。这些现有的斑块作为物种长距离扩散的踏脚石，同时也作为维持新建森林斑块内物种存活的种群源。

参考文献：

Harms，W.B.,and P.Opdam,1989.“Woods as habitat patches for birds：application in landscape planning in the Netherlands.” In Zonneveld,I.S.,and R.T.T. Forman,eds.,*Changing Landscapes：An Ecological Perspective,* Springer-Verlag,N.Y.

10. 中观尺度
区域网络：游憩和生境／洪水保护廊道（美国威斯康星州东南部）

作为美国范围最大的绿色通道网络，威斯康星州东南部的这七个县区拥有 467 平方英里的建议保护的廊道。廊道由四类线性要素构成：(1) 原有的铁路路基；(2) 滨水地带；(3) 农业滨水地带；(4) 山脊。该网络延伸穿越了一个由不同的土地利用类型构成的土地镶嵌体，从城市过渡到郊区再过渡到乡村，且包括了风景资源以及为保护野生动物的重要资源。

这一巨大的系统的主要目标包括：(1) 生境保护；(2) 人类游憩需要；(3) 防洪和制洪。廊道选择的过程基于对大量生态格局和过程的评价。其中廊道的宽度被认为是最重要的因素。

这些环境廊道为人类和生物的迁移提供了更高的连接性，并且联系了主要的节点，如区域内受保护的公园。这一网络形成了可供选择的路线，为人类的游憩活动提供了闭合的游线，同时避免了对迁移的野生动物的干扰。对滨河廊道的关注为防洪起到了缓冲的作用。

参考文献：

Smith,D.S.1993. “Greenway case studies.” In Smith,D.S.and P.C.Hellmund,eds.,*Ecology of Greenways.Design and Function of Linear Conservation Areas.*Univ.of Minn.Press,Minneapolis,pp.161-208.

11. 中观尺度

野生动物网络：圣莫尼卡山脉到圣苏珊娜山脉廊道（美国加利福尼亚州）

这项区域性的工作位于美国城市化发展最迅速的地区之一，是通过利用绿色通道和高速路地下通道来连接大型的生境。以下要素用来对它进行评价：(1) 空间格局与特征；(2) 地方性野生物种的需求；(3) 所有权的格局。这个建议的生境网络包括超过 270000 英亩的土地面积，从圣莫尼卡山脉（该山脉沿着太平洋延伸 50 英里）一直延伸到西米山（一个更小的山脉，联系了圣莫尼卡山脉和圣苏珊娜山脉。圣苏珊娜山脉连接了洛斯帕德瑞斯和更东部的安捷勒斯山脉）。这片曾经被连续植被覆盖的地区，现在被大量的高速公路和郊区地产开发所分割，阻止了大型动物如美洲野猫、美洲狮和黑熊的迁移。这个生境网络已经被确定并且规划出来，所基于的规划和设计标准包括提供植被覆盖、水、生境多样性，隔离廊道与人类活动、节点和多重路径。

参考文献：

Smith,D.S.1993. “Greenway case studies.” In Smith,D.S.and P.C.Hellmund,eds.,*Ecology of Greenways.Design and Function of Linear Conservation Areas.*Univ.of Minn.Press,Minneapolis,pp.161-208.

12. 中观尺度

鹿的生境和乡村房地产开发格局（美国蒙大拿州）

这个研究用来确定美国蒙大拿州加勒廷县扩张的房地产开发对鹿（白尾的和杂交的）种群的影响。该研究的基本原理基于以下一个事实，即在1970~1980年的10多年时间里，随着土地细分的数量从63平方公里增加到81平方公里，乡村住宅的数量增加了约50%。该研究区域面积为1000平方公里，高程范围在1300米到2000米之间。具体的研究目标包括：(1) 确定随着房屋的增长，鹿的种群和分布格局的相对变化；(2) 度量房屋密度对鹿的运动和活动格局的影响。

结果表明，房屋密度和观察到的鹿的数量之间存在着负相关关系。随着房屋密度的增加，白尾鹿的生活范围变小，并呈线状。对于鹿的迁移和活动至关重要的是利用位置上相互靠近并且/或通过迁移廊道联系起来的植被斑块（即河流或溪流两岸）。

基于这些研究结果，对于保护鹿有益的管理策略是增加现有已开发地区的房屋密度，特别是在那些对于野生动物保护和农业利用价值不大的地区，而不是重新开发新的地区。此外，对于现有的房地产开发，包括在建筑群周边应保留完好的植被，同时在沿河或溪流的植被带内不得进行开发建设的相关规定，对于鹿的保护都是有益的。

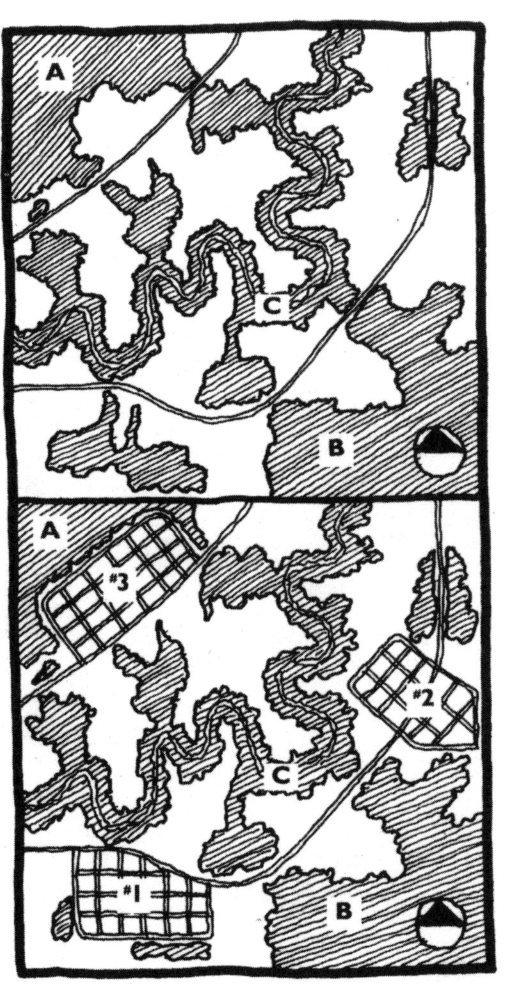

房地产开发和鹿

旁边的示意图显示了一个假设的“开发前”的景观（即上半图），以及三个“开发后”的预案（即下半图），其中提供了1号、2号和3号三种可选择的房地产开发方案进行考虑。在“开发前”的情况下，大斑块A和B是主要的鹿类生境。虽然鹿的迁移会受到穿越该地区的两条公路的干扰，但滨河廊道C还是主要起到了连接这两个鹿类生境的作用。该景观中剩下的地区都是农业生产用地。

将加勒廷县的案例研究结果应用到鹿的保护中，可以看出，在以上假设的三个方案中，1号是其中最好的方案，2号方案是居中的选择，而 3 号方案则是最差的选择。

1 号开发方案取代了原先孤立的小型生境斑块，它既不是从斑块 A 到斑块 B 的有效的踏脚石，也不是一个足够大的可考虑保护的斑块。2 号开发方案虽然不会进一步的造成对鹿生境的破碎化，也不会对鹿的迁移增加任何新的阻碍，但它却位于主要的农业生产用地上了。而 3 号开发方案不仅侵占了主要的鹿类生境，而且进一步的加剧了这两个生境斑块间的分离。

参考文献：

Vogel,W.O.,1989. “Response of deer to density and distribution of housing in Montana.” Wildlife *Society Bulletin* 17（4）, pp.406-143.

13. 微观尺度

利用滨水植被的农业排水管理技术（美国北卡罗莱纳州）

一些对北卡罗莱纳州的滨海平原的研究致力于观察滨水区对农业用地流出的非点源污染物的影响效果，并研究其与下游水质的关系。在这个研究之前，滨水区被认为是在地表排水到达河流之前的一个进行水处理的机会。已往研究表明，滨水植被可以维护：（1）河流渠道的稳定性；（2）间歇性和连续性河流系统的水质。

这些研究项目在四个排水盆地里展开，用来论证滨水区在处理从农业种植区流出的氮、磷和沉积物方面所具有的重要作用。地形和滨水植被对水流、沉积 - 侵蚀以及营养物动态的影响作用之间并不是孤立的，其间存在着复杂的相互作用。

这些研究说明了滨水植被是如何起到氮的化学过滤作用，即通过地下水流的脱氮作用来处理农业径流。就处理氮元素而言，虽然滨水植被的宽度并不是确定的，并且取决于一些相关的因素，但是即便是较窄的植被带也可以起到显著的保护作用。河漫滩的湿地也被证明具有控制沉积物沉积以及吸收磷元素的作用。河漫滩湿地面积越大，它所吸收的沉积物和磷元素的重要性也就越大。

参考文献：

Cooper,J.R.,J.W.Gilliam,and T.C.Jacobs,1986. “Riparian areas as a control of nonpoint pollutants.” *Journal Series of the N.C.Agricultural Research Service Paper* No.10107, pp. 166-190.

Gilliam,J.W.,R.W.Skaggs, and C.W.Doty, 1986. “Controlled agricultural drainage：an alternative to riparian vegetation.” *N.C.Agricultural Research Service Paper* No. 10109,pp. 225-243.

14. 中观尺度

野生动物和水体保护网络：平霍克（Pinhook）湿地和苏宛尼（Suwannee）河（美国佛罗里达州）

在佛罗里达州猖獗的城市化、城市蔓延和道路建设已逐渐引起了公众对物种丧失问题的关注。在此背景下产生了维护自然地区之间连接度的保护目标，并以此来保护关键物种的迁移路径。

两个联邦所有的大型生境——奥克弗诺基（Okefenokee）沼泽国家野生生物庇护所（约 400000 英亩）和俄塞欧拉（Osceola）国家森林（约 160000 英亩）仅仅相隔数英里。为了避免土地开发活动的负面影响，将这两个大型斑块连接起来被认为是首要的选择。环绕平霍克湿地的面积约 60000 英亩的一条宽阔的连接廊道建成了。这条 5 英里宽的野生生物迁移廊道创造了超过 600000 英亩的连续的生境，成为众多稀有和濒危物种的栖息地。这个更大的保护地区的建立，使得大量内部物种能够在这两个大型的自然植被斑块之间自由地迁移。同时，最终形成的哑铃状的保护区的面积，足以维持如黑豹和熊等生活范围较大的物种的最小可存活种群。

沿苏宛尼河建立的河流廊道，将奥克弗诺基 - 俄塞欧拉 - 平霍克系统与墨西哥湾联系起来，维护了这条河流的连续性。苏宛尼河是美国东南部最后几条自然流淌的河流之一。它同时也连接了沿线大量的生境和一个由小型保护地斑块组成的大型保护区。在全球变暖和海平面上升的背景下，这样一条廊道将起到联系海岸带和内陆生境的作用，从而增强了长期的物种迁移和存活。在整个河岸426英里的土地里，这个项目保护了152英里的土地用于生物迁移。虽然就像当前所构想的那样，在这些廊道中仍然还存在间隔，但是已有相关的预案用于减小或阻止沿河流廊道发生的破坏性的活动。

参考文献：

Smith,D.S. 1993. “Greenway case studies.” In Smith, D.S. and P.C. Hellmund, eds., *Ecology of Greenways. Design and Function of Linear Conservation Areas.* Univ.of Minn. Press, Minneapolis, pp.161-208.

总结与结论

本书列举了 55 条景观生态学的原理或概念。几乎所有的原理和概念都以一句话进行了表述，并且附图对其进行了说明。这些原理可分成四大类：斑块；边缘 / 边界；廊道 / 连接度和镶嵌体。本书对于每一类都给出了众多的参考文献，同时在每一节的最后给出了关键性的参考文献。

斑块类原理主要关注于斑块的大小、数量和位置的生态效应；第二类关注于边缘结构，以及边界和斑块的形状；第三类强调由廊道、踏脚石、道路和防风林廊道、溪流和河流廊道的连接度；第四类镶嵌体通过网络、破碎化和尺度的生态效应进行表示。

之后本书用图示的方法说明了景观生态学原理的实践应用。图示性的或概念性的景观变化被应用于六个不同尺度的案例中，举例说明了这些原理在不同尺度的项目中都是适用的。这些应用案例论述了景观中可能存在的问题或是改进意见，同时描述了“更好的”和“更差的”设计以及相关的基本原理。

本书最后介绍了 14 个应用景观生态原理的案例研究。这些例子中涉及的景观遍布全球，并且包括了广泛的空间尺度。项目从斑块、边缘 / 边界、廊道 / 连接度和镶嵌体入手，列举了成功和失败的教训。

空间格局问题。直接基于成本、工作、工资、公园、自行车道、伐木区、水流等的总体水平或平均水平而做的规划已不再适宜。相比之下，对土地利用和生境的配置对于规划、保护、设计、管理和政策而言更加关键。

除此之外，背景通常比内容更加重要。场地的内在属性经常是需要加以说明的地方。然而，周围相邻的土地利用的特征、上游 - 上风 - 上坡地区的特征以及下游 - 下风 - 下坡地区的特征，通常也是该位置更加重要的描述。不同场地在一个镶嵌体中相互联系，其中一个地方的变化都会对其他场地产生影响。

本书列举了用于景观设计和土地利用规划中的景观生态学原理。这些原理仍然在增长，并且原理间的结合运用也不断出现。一些原理和格局，如沿着主要河流的植被廊道和一些大型的自然植被斑块是必不可少的，也就是说，没有已知的或可行的能够提供同样生态功能的替代方案。其他一些学科正在迅速的吸收景观生态学原理，然而对于土地利用规划师和景观设计师来说，仍然面临着“抓牢这些原理并抓住未来”的机遇。

一些人将土地主要视作是财富的源头，是某种能被买卖的商品，它是一项投资，是法律法规的主题，是房地产的事物，是税收政策的对象，或者换句话说是一个经济事物；另外有一些人将土地主要看作是一个有生命的动态系统，一个生活的地方，一个包含动植物的生境，一个蕴含历史、文化和美学价值和灵感的场地，或者换句话是应该被规划、保护、设计、管理和看护的事物。哪一个看法最能够引起读者的兴趣呢？哪一个看法是未来人类社会和自然乐观的基础呢？本书中的原理目前都是可以运用的。它们代表了对未来乐观主义的萌芽。

其他参考文献

斑块

Abele, L.G. and E.F. Connor. 1979. "Application of island biogeographic theory to refuge design: making the right decisions for the wrong reasons." *Proceedings of Conference on Scientific Research in National Parks* 1, pp. 89-94.

Ambuel, B. and S.A. Temple. 1983. "Area dependent changes in the bird communities and vegetation of southern Wisconsin forests." *Ecology 64*, pp. 1057-1068.

Askins, R.A., M.J. Philbrick and D.S. Sugeno. 1987. "Relationship between the regional abundance of forest and the composition of forest bird communities." *Biological Conservation* 39, pp. 129-152.

Blake, J.G. and J.R. Karr. 1984. "Species composition of bird communities and the conservation benefit of large versus small forests." *Biological Conservation* 30, pp. 173-187.

Boecklen, W.J. 1986. "Optimal design of nature reserves: consequences of genetic drifts." *Biological Conservation* 38, pp. 328-338.

Boecklen, W.J., and N.J. Gotelli. 1984. "Island biogeographic theory and conservation practice: species-area or specious-area relationships?" *Biological Conservation* 29, pp. 63-80.

Brown, J.H. and A. Kodric-Brown. 1977. "Turnover rates in insular biogeography: effect of immigration on extinction." *Ecology* 58, pp. 445-449.

Burkey, T.V. 1989. "Extinction in nature reserves: the effects of fragmentation and the importance of movement between reserve fragments." *Oikos* 55, pp. 75-81.

Butcher, G.S., W.A. Niering, W.J. Barry and R.H. Goodwin. 1981. "Equilibrium biogeography and the size of nature preserves: an avian case study." *Oecologia* 49, pp. 29-37.

Connor, E.F., and E.D. McCoy. 1979. "The statistics and biology of the species-area relationship." *American Naturalist* 113, pp. 791-833.

Diamond, J.M. 1975. "The island dilemma: lessons of modern biogeographic studies for the design of natural reserves." *Biological Conservation* 7, pp. 129-146.

Diamond, J.M. 1984. " 'Normal' extinctions of isolated populations." In Nitecki, M.H., ed. *Extinctions.* University of Chicago Press, Chicago, pp. 191-246.

Fahrig, L. and G. Merriam. 1985. "Habitat patch connectivity and population survival." *Ecology* 66, pp. 1762-1768.
Forman, R.T.T. and R.E.J. Boerner. 1981. "Fire frequency and the Pine Barrens of New Jersey." *Bulletin of the Torrey Botanical Club* 108, pp. 34-50.

Forman, R.T.T. and M. Godron. 1986. *Landscape Ecology.* John Wiley, New York.

Franklin, J.F., and R.T.T. Forman. 1987. "Creating landscape patterns by cutting: ecological consequences and principles." *Landscape Ecology* 1, pp. 5-18.

Freemark, K.E., and G. Merriam. 1986. "Importance of area and habitat heterogeneity to bird assemblages in temperate forest fragments." *Biological Conservation* 36, pp. 115-141.

Galli, A.E., C.F. Lcck and R.T.T. Forman. 1976. "Avian distribution patterns in forest islands of different sizes in central New Jersey." *Auk* 93, pp. 356-364.

Gilbert, F.S. 1980. "The equilibrium theory of island biogeography: fact or fiction?" *Journal of Biogeography* 7, pp. 209-235.

Gilpin, M.E., and J.A. Diamond. 1981. "Immigration and extinction probabilities for individual species." *Proceedings of the National Academy of Sciences (USA)*, pp. 392-396.

Goeden, G.B., 1979. "Biogeographic theory as a management tool." *Environmental Conservation* 6, pp. 27-32.

Gutzwiller, K.J., and S.H. Anderson, 1992. "Interception of moving organisms: influences of patch shape, size, and orientation on community structure." *Landscape Ecology* 6, pp. 293-303.

Henderson, M.T., G. Merriam, and J. Wegner. 1985. "Patchy environments-and species survival: chipmunks in an agricultural mosaic." *Biological Conservation* 31, pp. 95-105.

Hobbs, E.R. 1988. "Species richness of urban forest patches and implications for urban landscape diversity." *Landscape Ecology* 1, pp. 141-152.

Janzen, D.H. 1983. "No park is an island: increase in interference from outside as park size decreases." *Oikos* 41, pp. 402-410.

Jennersten, O., J. Loman, A.P. Mϕller, J. Robertson, and B. Widen. 1992. "Conservation biology in agricultural habitat islands." In Hansson, L., ed. *Ecological Principles of Nature Conservation.* Elsevier Science Publishers, London, pp. 394-424.

Johnson, A.R., J.A. Wiens, B.T. Milne, and T.O. Crist. 1992. "Animal movements and population dynamics in heterogeneous landscapes." *Landscape Ecology* 7, pp. 63-75.

Landers, J.L., R.J. Hamilton, A.S. Johnson, and R.L. Marchington. 1979. "Foods and habitat of black bears in southeastern North Carolina." *Journal of Wildlife Management* 43, pp. 143-153.

Lynch, J.F., and D.A. Saunders. 1991. "Responses of bird species to habitat fragmentation in the wheatbelt of Western Australia: interiors, edges, and corridors." In Saunders, D.A., and R.J. Hobbs, eds. *Nature Conservation* 2: *The Role of Corridors.* Surrey Beatty, Chipping Norton, Australia. pp. 143-158.

MacDonald, D.W., and H. Smith. 1990. "Dispersal, dispersion and conservation in the agricultural ecosystem." In Bunce,

R.G.H., and D.C. Howard, eds. *Species Dispersal in Agricultural Habitats.* Belhaven Press, London, pp. 18-64.

Middleton, J., and G. Merriam, 1986. “Woodland mice in a farmland mosaic.” *Journal of Applied Ecology* 23, pp. 713-720.

Nilsson, S.G., and J. Bengtsson. 1988. “Habitat diversity or area Per Se? Species richness of woody plants, carabid beetles and land snails on islands.” *Journal of Animal Ecology* 57, pp. 685-704.

Pease, C.M., R. Lande, and J.J. Bull. 1989. “A model of population growth, dispersal and evolution in a changing environment.” *Ecology* 70, pp. 1657-1664.

Pickett, S.T.A., and J.N. Thompson. 1978. “Patch dynamics and the design of nature reserves.” *Biological Conservation* 13, pp. 27-37.

Rafe, R.W., M.B. Usher, and R.G. Jefferson. 1985. “Birds on reserves: the influence of area and habitat on species richness.” *Journal of Applied Ecology* 22, pp. 327-335.

Saunders, D.A. 1989. “Changes in the avifauna of a region, district, and remnant as a result of fragmentation of native vegetation: the wheatbelt of Western Australia: A case study.” *Biological Conservation* 50, pp. 99-135.

Saunders, D.A., and J.A. Ingram. 1987. “Factors affecting survival of breeding populations of Carnaby’s cockatoo *Calyptorhynchus funereus latirostris* in remnants of native vegetation.” In Saunders, D.A., G.W. Arnold, A.W. Burbidge, and A.J.M. Hopkins, eds. *Nature Conservation: The Role of Remnants of Native Vegetation.* Surrey Beatty, Chipping Norton, Australia, pp. 249-258.

Taylor, A.D. 1990. “Metapopulation dispersal, and predator-prey dynamics: an overview.” *Ecology* 71, pp. 429-436.

Taylor, A.D. 1991. “Studying metapopulation effects in predator-prey systems.” *Biological Journal of the Linnean Society* 42, pp. 305-323.

Turner, M.G. 1989. “Landscape ecology: the effect of pattern on process.” *Annual Review of Ecology and Systematics* 20, pp. 171-197.

Wegner, J., and G. Merriam. 1979. “Movements by birds and small mammals between a wood and adjoining farmland habitats.” *Journal of Applied Ecology* 16, pp. 349-358.

边缘和边界

Chasko, G.G. and J.E. Gates. 1982. “Avian habitat suitability along a transmission-line corridor in an oak-hickory forest region.” *Wildlife Monographs* 82, pp. 1-41.

De Walle, D.R. 1983. “Wind damage around clearcuts in the ridge and valley province of Pennsylvania.” *Journal of Forestry 81*, pp. 158-159.

Feder, J. 1988. *Fractals.* Plenum Press, New York.

Forman, R.T.T. and P.N. Moore. 1992. “Theoretical foundations for understanding boundaries in landscape mosaics.” In Hansen, A.J. and F. di Castri, eds. *Landscape Boundaries: Consequences for Biotic Diversity and Ecological Flows.* Springer-Verlag, New York, pp. 236-258.

Gardner, R.H., R.V. O'Neill, M.G. Turner and V.H. Dale. 1989. “Quantifying scale-dependent effects of animal movement with simple percolation models.” *Landscape Ecology* 3, pp. 217-227.

Gardner, R.H., M.G. Turner, V.H. Dale and R.V. O’ Neill. 1992. “A percolation model of ecological flows.” In Hansen, A.J. and F. di Castri, eds. *Landscape Boundaries: Consequences for Biotic Diversity and Ecological Flows.* Springer-Verlag, New York, pp. 259-269.

Gates, J.E. and L.W. Gysel. 1978. “Avian nest dispersion and fledgling success in field-forest ecotones.” *Ecology* 59, pp. 871-883.

Hanley, T.A. 1983. “Black-tailed deer, elk, and forest edge in a western Cascades watershed.” *Journal of Wildlife Management* 47, pp. 237-242.

Johnson, A.R., J.A. Wiens and B.T. Milne. 1992. “Animal movements and population dynamics in heterogeneous landscapes.” *Landscape Ecology* 7, pp. 63-75.

Kareiva, P. 1982. “Experimental and mathematical analyses of herbivore movement: quantifying the influence of plant spacing and quality on foraging discrimination.” *Ecological Monographs* 52, pp. 261-282.

Kroodsma, R.L. 1982. “Bird community ecology on power-line corridors in East Tennessee.” *Biological Conservation* 23, pp. 79-94.

Leopold, A.S. 1933. *Game Management.* Charles Schribner's Sons, New York.

McCreary, D.D. and D.A. Perry. 1983. “Strip thinning and selective thinning in Douglas-fir.” *Journal of Forestry* 81, pp. 375-377.

Milne, B.T. 1991. “Lessons from applying fractal models to landscape patterns.” In Turner, M.G. and R.H. Gardner, eds. *Quantitative Methods in Landscape Ecology.* Springer-Verlag, New York, pp. 199-235.

Milne, B.T. 1991. “Heterogeneity as a multiscale characteristic of landscapes.” In Kolasa, J.and S.T.A. Pickett, eds. *Ecological Heterogeneity.* Springer-Verlag, New York.

Odum, E.P. and M.G. Turner. 1990. “The Georgia landscape: a changing resource.” In Zonneveld, I.S. and R.T.T. Forman, eds. *Changing Landscapes: An Ecological Perspective.* Springer-Verlag, New York, pp. 137-164.

O'Neill, R.V., J.R. Krummel, R.H. Gardner, G. Sugihara, B. Jackson, D.L. DeAngelis, B.T. Milne, M.G. Turner, B. Zygmunt, S.W. Christensen, V.H. Dale and R.L. Graham. 1988. “Indices of landscape pattern.” *Landscape Ecology* 1, pp. 153-162.

Orians, G.H. and N.E. Pearson. 1978. “On the theory of central place foraging.” In Horns, D.J., G.R. Stairs and R.D. Mitchell, eds. *Analysis of Ecological Systems.* Ohio State University Press, Columbus, Ohio, pp. 155-177.

Rapoport, E.H. 1982. *Areography: Geographical Strategies of Species.* Fundacion Bariloche Series Number 1. Pergamon Press, New York.

Turner, M.G., R.H. Gardner, V.H. Dale and R.V. O'Neill. 1989. “Predicting the spread of disturbance across heterogeneous landscapes” *Oikos* 55, pp. 121-129.

van Leeuwen, C.G. 1981. "From ecosystem to ecodevice." In Tjallingii, S. and A. A. de Veer, eds. *Perspectives in Landscape Ecology,* Pudoc, Wageningen, Netherlands, pp. 29-34.

Wales, B.A. 1972. "Vegetation analysis of northern and southern edges in a mature oak-hickory forest." *Ecological Monographs* 42, pp. 451-471.

Wiens, J.A. 1976. "Population responses to patchy environments." *Annual Review of Ecology and Systematics* 7, pp. 81-120.

Wiens, J.A. and B.T. Milne. 1989. "Scaling of 'landscapes' in landscape ecology, or, landscape ecology from a beetle' s perspective." *Landscape Ecology* 3, pp. 87-96.

Wilmanns, O. and J. Brun-Hool. 1982. "Irish mantel and saum vegetation." *Journal of Life Sciences, Royal Dublin Society* 3, pp. 165-174.

廊道与连接度

Adams, L.W. and L.E. Dove. 1989. *Wildlife Reserves and Corridors in the Urban Environment.* National Institute for Urban Wildlife, Columbia, Maryland.

Adams, L.W. and A.D. Geis. 1983. "Effect of roads on small mammals." *Journal of Applied Ecology* 20, pp. 403-415.

Ambuel, B. and S.A. Temple. 1983. "Area dependent changes in the bird communities and vegetation of southern Wisconsin forests." *Ecology* 64, pp. 1057-1068.

Andrews, J. 1993. "The reality and management of wildlife corridors." *British Wildlife 5*, pp. 1-7.

Arnold, G.W. 1983. "The influence of ditch and hedgerow structure, length of hedgerows, and area of woodland and garden on bird numbers in farmland." *Journal of Applied Ecology* 20 pp. 731-750.

Baudry, J. 1984. "Effects of landscape structure on biological communities: the case of hedgerow network landscapes." In Brandt, J. and P. Agger, eds. *Proceedings of the First International Seminar on Methodology in Landscape Ecological Research and Planning,* Vol. 1, Roskilde Universitetsforlag, Roskilde, Denmark, pp. 55-65.

Baudry, J. 1988. "Hedgerows and hedgerow networks as wildlife habitat in agricultural landscapes." In Park, J.R., ed. *Environmental Management in Agriculture. European Perspectives.* Belhaven Press, London, pp. 111-124.

Baudry, J. and G. Merriam. 1988. "Connectivity and connectedness: functional versus structural patterns in landscapes." *Munsterische Geographische Arbeiten* 29, pp. 23-28.

Bennett, A.F. 1990. "Habitat corridors and the conservation of small mammals in a fragmented forest environment." *Landscape Ecology* 4, pp. 109-122.

Bennett, A.F. 1991. "What types of organisms will use corridors?" In Saunders, D.A. and R.J. Hobbs, eds. *Nature Conservation* 2: *The Role of Corridors.* Surrey Beatty, Chipping Norton, Australia, pp. 407-408.

Boone, G.S. and R. Tincklin. 1988. "The importance of hedgerow structure in the occurrence and density of small mammals." *Aspects of Applied Biology* 16, pp. 73-78.

Brockie, R.E., L.L. Loope, M.B. Usher and O. Hamann, 1988. "Biological invasions of island nature reserves." *Biological Conservation* 44, pp. 9-36.

Burel, F. and J. Baudry. 1990. "Hedgerow networks as habitats for forest species: implications for colonizing abandoned agricultural land." In Bunce, R.G.H. and D.C. Howard, eds. *Species Dispersal in Agricultural Habitats.* Belhaven Press, London, pp. 18-64.

Dawson, D. 1994. "Are habitat corridors conduits for animals and plants in a fragmented landscape? A review of the scientific evidence." *English Nature Research Report* 94, pp. 6-67.

Faaborg, J. 1979. "Qualitative patterns of avian extinction on neotropical land-bridge islands: lessons for conservation." *Journal of Applied Ecology* 16, pp. 99-107.

Fahrig, L. and G. Merriam. 1985. "Habitat patch connectivity and population survival." *Ecology* 66, pp. 1762-1768.

Forman, R.T.T. 1991. "Landscape corridors: from theoretical foundations to public policy." In Saunders, D.A. and R.J. Hobbs, eds. *Nature Conservation* 2: *The Role of Corridors.* Surrey Beatty, Chipping Norton, Australia, pp. 71-84.

Forman, R.T.T. 1984. "Hedgerows and hedgerow networks in landscape ecology." *Environmental Management* 8, pp. 495-510.

Friend, G.R. 1991. "Does corridor width and composition affect movement?" In Saunders, D.A. and R.J. Hobbs, eds. *Nature Conservation* 2: *The Role of Corridors.* Surrey Beatty, Chipping Norton, Australia, pp. 404-405.

Gilpin, M.E. 1980. "The role of stepping stone islands." *Theoretical Population Biology* 17, pp. 247-253.

Gilpin,M.E. and J.A. Diamond. 1981. "Immigration and extinction probabilities for individual species. Relation to incidence..." *Proceedings of the National Academy of Sciences (USA)* 78, pp. 392-396.

Goldstein-Golding, E.L. 1991. "The ecology and structure of urban green spaces." In Bell, S.S., E.D. McCoy and H.R. Muushinsky, eds. *Habitat Structure. The Physical Arrangement of Objects in Space.* Chapman and Hall, London, pp. 392-411.

Hanski, I. 1982. "On temporal and spatial variation in animal populations." *Acta Zoologica Fennici* 19, pp. 21-37.

Hanski, I. 1991. "Single-species metapopulation dynamics: concepts, models and observations." *Biological Journal of the Linnean Society* 42, pp. 17-38.

Hill, M.O. and P.D. Carey. 1994. "The Role of Corridors, Stepping Stones and Islands for Species Conservation in a Changing Climate." *English Nature Report* 75.

Hobbs, R.J. 1992. "The role of corridors in conservation: solution or bandwagon?" *Trends in Ecology and Evolution* 7, pp. 389-392.

Hobbs, R.J. and A.J.M. Hopkins. 1991. "The role of conservation corridors in a changing climate." In Saunders, D.A. and R.J. Hobbs, eds. *Nature Conservation* 2: *The Role of Corridors.* Surrey Beatty, Chipping Norton, Australia, pp. 281-290.

Johnson, R.J. and M.M. Beck. 1988. "Influences of shelterbelts on wildlife management and biology." *Agriculture, Ecosystems and Environment* 22/23, pp. 301-305. (Reprinted 1988 in *Windbreak Technology.* Elsevier, Amsterdam).

Lyle, J. and R.D. Quinn. 1991. "Ecological corridors in urban southern California." In *Wildlife Conservation in Metropolitan Environments,* National Institute for Urban Wildlife, Columbia, Maryland.

Mader, H.-J. 1984. "Animal habitat isolation by roads and agricultural fields." *Biological Conservation* 29, pp. 81-96.

Mader, H.-J., C. Schell and P. Kornacker. 1990. "Linear barriers to arthropod movements in the landscape." *Biological Conservation* 54, pp. 115-128.

Merriam, G. 1984. "Connectivity: a fundamental ecological characteristic of landscape pattern." In Brandt, J. and P. Agger, eds. *Methodology in Landscape Ecological Research and Planning,* Vol. 1. Roskilde Universitetsforlag GeoRuc, Roskilde, Denmark, pp. 5-16.

Merriam, G.,1991. "Corridors and connectivity: animal populations in heterogeneous environments." In Saunders, D.A. and R.J. Hobbs, eds. *Nature Conservation* 2: *The Role of Corridors.* Surrey Beatty, Chipping Norton, Australia, pp. 133-142.

Merriam, G., M. Kozakiewicz, E. Tsuchiya and K. Hawley. 1989. "Barriers as boundaries for metapopulations and demes of *Peromyscus leucopus* in farm landscapes." *Landscape Ecology* 2, pp. 227-235.

Merriam, G. and A. Lanoue. 1990. "Corridor use by small mammals: field measurement for three experimental types of *Peromyscus leucopus.*" *Landscape Ecology* 4, pp. 123-131.

Munguia, M.L. and J.A. Thomas. 1992. "Use of road verges by butterfly and burnet populations, and the effect of roads on adult dispersal and mortality." *Journal of Applied Ecology* 29, pp. 316-329.

Nicholls, A.O. and C.R. Margules. 1991. "The design of studies to demonstrate the biological importance of corridors." In Saunders, D.A. and R.J. Hobbs, eds. *Nature Conservation* 2: *The Role of Corridors.* Surrey Beatty, Chipping Norton, Australia, pp. 49-61.

Noss, R.F. 1983. "A regional landscape approach to maintain diversity." *Bioscience* 33, pp. 700-706.

Noss, R.F. 1987. "Corridors in real landscapes: a reply to Simberloff and Cox." *Conservation Biology* 1, pp. 159-164.

Noss, R.F. and L. Harris. 1986. "Nodes, networks, and MUMs: preserving diversity at all scales." *Environmental Management* 10, pp. 299-309.

Opdam, P. 1990. "Dispersal in fragmented populations: the key to survival." In Bunce, R.G.H. and D.C. Howard, eds. *Species Dispersal in Agricultural Habitats,* Belhaven Press, London, pp. 3-17.

Ouellet, H. 1967. "Dispersal of land birds on the Islands of the Gulf of St. Lawrence." *Canadian Journal of Zoology* 45, pp. 1149-1167.

Panetta, F.D. and A.J.M. Hopkins. 1991. "Weeds in corridors: invasion and management." In Saunders, D.A. and R.J. Hobbs, eds. *Nature Conservation* 2: *The Role of Corridors.* Surrey Beatty, Chipping Norton, Australia, pp. 341-351.

Saunders, D.A. and J.A. Ingram. 1987. "Factors affecting survival of breeding populations of Carnaby's cockatoo *Calyptorhynchus funereus latirostris* in remnants of native vegetation." In Saunders, D.A., G.W. Arnold, A.W. Burbidge and

A.J.M. Hopkins, eds. *Nature Conservation: The Role of Remnants of Native Vegetation.* Surrey Beatty, Chipping Norton, Australia, pp. 249-258.

Saunders, D.A. and R.J. Hobbs. 1989. "Corridors for conservation." *New Scientist* 28, pp. 63-68.

Saunders, D.A. and C.P. de Rebeira. 1991. "Values of corridors to avian populations in a fragmented landscape." In Saunders, D.A. and R.J. Hobbs, eds. *Nature Conservation* 2: *The Role of Corridors.* Surrey Beatty, Chipping Norton, Australia, pp. 221-240.

Simberloff, D.S. and J. Cox. 1987. "Consequences and costs of conservation corridors." *Conservation Biology* 1, pp. 63-71.

Spellerberg, I.F. and M. Gaywood. 1993. "Linear features: linear habitats and wildlife corridors." English Nature Report.

van der Zande, A.N., W.J. ter Keurs and W.J. van der Weijden. 1980. "The impact of roads on the densities of four bird species in an open field habitat - evidence of a long distance effect." *Biological Conservation* 18, pp. 299-321.

Verkaar, H.J. 1990. "Corridors as a tool for plant species conservation?" In Bunce, R.G.H. and D.C. Howard, eds. *Species Dispersal in Agricultural Habitats.* Belhaven Press, London, pp. 82-97.

镶嵌体

Adams, L.W. and L.E. Dove. 1989. *Wildlife Reserves and Corridors in the Urban Environment.* National Institute for Urban Wildlife, Columbia, Maryland.

Ambuel, B. and S.A. Temple. 1983. "Area dependent changes in the bird communities and vegetation of southern Wisconsin forests." *Ecology* 64, pp. 1057-1068.

Askins, R.A., M.J. Philbrick and D.S. Sugeno. 1987. "Relationship between the regional abundance of forest and the composition of forest bird communities." *Biological Conservation* 39, pp. 129-152.

Barloy, J. 1980. "Consequences sur la production vegetale agricole de l'amenagement du bocage dans l'Ouest de la France." *Bulletin Technologique Information,* pp. 353-355.

Baudry, J. 1984. "Effects of landscape structure on biological communities: the case of hedgerow network landscapes." In Brandt, J. and P. Agger, eds. *Proceedings of the First International Seminar on Methodology in Landscape Ecological Research and Planning,* Vol. 1. Roskilde Universitetsforlag, Roskilde, Denmark, pp. 55-65.

Baudry, J. 1988. "Hedgerows and hedgerow networks as wildlife habitat in agricultural landscapes." In Park, J.R., ed. *Environmental Management in Agriculture.* European Perspectives. Belhaven Press, London, pp. 111-124.

Bennett, A.F. 1990. "Habitat corridors and the conservation of small mammals in a fragmented forest environment." *Landscape Ecology* 4, pp. 109-122.

Burel, F. and J. Baudry. 1990. "Hedgerow networks as habitats for forest species: implications for colonizing abandoned agricultural land." In Bunce, R.G.H. and D.C. Howard, eds. *Species Dispersal in Agricultural Habitats.* Belhaven Press, London, pp. 18-64.

Brocke, R.H., J.P. O' Pezio and K.A. Gustafson. 1990. "A forest management scheme mitigating impact of road networks on sensitive wildlife species." In *Is Forest Fragmentation a Management Issue in the Northeast?* General Technical Report NE-140, USDA Forest Service, Radnor, Pennsylvania, pp. 13-17.

Bryer, J.B. 1983. "The effects of a geometric redefinition of the classical road and landing spacing model through shifting." *Forest Science* 29, pp. 670-674.

Constant, P., M.C. Eybert and R. Maheo. 1976. "Aviafune reproductrice du bocage de l' Ouest." In *Les Bocages: Histoire, Ecologie, Economie,* Institut National de la Recherche Agronomique, Centre National de la Recherche Scientifique, et Universite de Rennes, Rennes, France, pp. 327-332.

Fahrig, L. and G. Merriam. 1985. "Habitat patch connectivity and population survival." *Ecology* 66, pp. 1762-1768.

Forman, R.T.T. 1987. "The ethics of isolation, the spread of disturbance, and landscape ecology." In Turner, M.G., ed. *Landscape Heterogeneity and Disturbance.* Springer-Verlag, New York, pp. 213-229.

Forman, R.T.T. 1990. "Ecologically sustainable landscapes: the role of spatial configuration." In Zonneveld, I.S. and R.T.T. Forman, eds. *Changing Landscapes: An Ecological Perspective.* Springer-Verlag, New York, pp. 261-278.

Forman, R.T.T. 1994. "A wildlife test of design and planning." *Studio Works* 2, Harvard University Graduate School of Design, Cambridge, p. 69.

Forman, R.T.T. and S.K. Collinge. 1995. "The 'spatial solution' to conserving biodiversity in landscapes and regions." In DeGraaf, R.M. and R.I. Miller, eds. *Conservation of Faunal Diversity in Forested Landscapes.* Chapman and Hall, London, in press.

Gardner, R.H., M.G. Turner, V.H. Dale and R.V. O'Neill. 1992. "A Percolation model of ecological flows." In Hansen, A.J. d *Ecological Flows,* Springer-Verlag, New

Guyot, G. and M. Verbrugghe. 1976. "Influence du bocage sur le climat d' une petite région." In *Les Bocages: Histoire, Ecologie, Economie.* Institut National de la Recherche Agronomique, Centre National de la Recherche Scientifique, et Université de Rennes, Rennes, France, pp. 131-136.

Hanley, T.A. 1983. "Black-tailed deer, elk, and forest edge in a western Cascades watershed." *Journal of Wildlife Management* 47, pp. 237-242.

Hansen, A.J., S.L. Garman and B. Marks. 1993. "An approach for managing vertebrate diversity across multiple-use landscapes." *Ecological Applications* 3, pp. 481-496.

Harris, L.D. 1984. *The Fragmented Forest: Island Biogeography Theory and the Preservation of Biotic Diversity.* University of Chicago Press, Chicago.

Henderson, M.T., G. Merriam and J. Wegner. 1985. "Patchy environments and species survival: chipmunks in an agricultural mosaic." *Biological Conservation* 31, pp. 95-105.

Howe, R.W. 1984.. "Local dynamics of bird assemblages in small forest habitat islands in Australia and North America." *Ecology* 65, pp. 1585-1601.

Johnson, A.R., J.A. Wiens, B.T. Milne and T.O. Crist. 1992. "Animal movements and population dynamics in heterogeneous landscapes." *Landscape Ecology* 7, pp. 63-75.

Lidicker, W.Z., J.O. Wolff, L.N. Lidicker and M.H. Smith. 1992. "Utilization of a habitat mosaic by cotton rats during a population decline." *Landscape Ecology* 6, pp. 259-268.

Lord, J.M. and D.A. Norton. 1990. "Scale and the spatial concept of fragmentation." *Conservation Biology* 4, pp. 197-202.

Lynch, J.F. and D.F. Whigham. 1984. "Effects of forest fragmentation on breeding bird communities in Maryland, USA." *Biological Conservation* 28, pp. 287-324.

Lyon, L.J. 1979. "Habitat effectiveness for elk as influenced by roads and cover." *Journal of Forestry* 77, pp. 658-660.

Margules, C.R. and A.O. Nicholls. 1987. "Assessing the conservation value of remnant habitat 'islands': mallee patches on the western Eyre Peninsula, South Australia." In Saunders, D.A., G.W. Arnold, A.A. Burbidge and A.J.M. Hopkins, eds. *Nature Conservation: The Role of Remnants of Native Vegetation.* Surrey Beatty, Chipping Norton, Australia, pp. 89-102.

Middleton, J., and G. Merriam. 1981. "Woodland mice in a farmland mosaic." *Journal of Applied Ecology* 18, pp. 703-710.

Morris, M.G. and K.H. Lokhani. 1979. "Responses of grassland invertebrates to management by cutting." *Journal of Applied Ecology* 16, pp. 77-98.

Murphy, D.R., K. Freas and S. Weiss. 1990. "An environment-metapopulation approach to population viability analysis for a threatened invertebrate." *Conservation Biology* 4, pp. 41-51.

Noss, R.F. 1983. "A regional landscape approach to maintain diversity." *BioScience* 33, pp. 700-706.

O'Neill, R.V., D.L. DeAngelis, J.B. Waide and T.F.H. Allen. 1986. *A Hierarchical Concept of Ecosystems.* Princeton University Press, Princeton, New Jersey.

Peterken, G.F., D. Ausherman, M. Buchenau and R.T.T. Forman. 1992. Old-growth conservation within British upland conifer plantations. *Forestry* 65, pp. 127-144.

Pollard, E., M.D. Hooper and N.W. Moore. 1974. *Hedges.* Collins, London.

Sharpe, D.M., F.W. Stearns, R.L. Burgess and W.C. Johnson. 1981. "Spatio-temporal patterns of forest ecosystems in man-dominated landscapes of the eastern United States." In Tjallingii, S.P. and A.A. de Veer, eds. *Perspectives in Landscape Ecology,* Pudoc, Wageningen, Netherlands, pp. 109-116.

Stritch, L.R. 1990. "Landscape-scale restoration of barrens-woodland within the oak-hickory forest mosaic." *Restoration and Management News* 8, pp. 73-77.

Swanson, F.J., J.F. Franklin and J.R. Sedell. 1990. "Landscape patterns, disturbance, and management in the Pacific Northwest, USA." In Zonneveld, I.S. and R.T.T. Forman, eds. *Changing Landscapes: An Ecological Perspective.* Springer-Verlag, New York, pp. 191-213.

Turner, M.G. 1989. Landscape ecology: the effect of pattern on process. *Annual Review of Ecology and Systematics* 20, pp. 171-197.

Usher, M.B. 1987. "Effects of fragmentation on communities and populations: actions, reactions, and applications to wildlife conservation." In Saunders, D.A., G.W. Arnold, A.A. Burbidge and A.J.M. Hopkins. *Nature Conservation: The Role of Remnants of Native Vegetation.* Surrey Beatty, Chipping Norton, Australia, pp. 103-121.

Verboom, J. and R. van Apeldoorn. 1990. “Effects of fragmentation on the red squirrel, *Sciurus vulgaris* L.” Landscape Ecology 4, pp. 171-176.

Wales, B.A. 1972. “Vegetation analysis of northern and southern edges in a mature oak-hickory forest.” *Ecological Monographs* 42, pp. 451-471.

Wegner, J. and G. Merriam. 1979. “Movements by birds and small mammals between a wood and adjoining farmland habitats.” *Journal of Applied Ecology* 16, pp. 349-358.

Wilcox, B.A. and D.D. Murphy. 1985. “Conservation strategy: the effects of fragmentation on extinction.” *American Naturalist* 125, pp. 879-887.

Yapp, W.B. 1973. “Ecological evaluation of a linear landscape.” *Biological Conservation* 5, pp. 45-47.

作者简介

文克·E·德拉姆施塔德主要致力于研究与挪威农业景观相关的景观生态设计和管理问题。她于 1990 年从挪威农业大学生物与自然保护系获得自然保护学硕士学位。她目前正在该系完成她的景观生态学博士论文。她的主要兴趣点在于将景观生态学作为生态学家和土地利用规划师之间的桥梁，同时她的博士研究关注于农业景观中的昆虫行为。

詹姆斯·D·奥尔森是一个新近成立的景观和建筑设计公司的主要负责人和创立人，其专长在于景观生态设计和管理项目。他于 1995 年从哈佛大学设计学研究生院获得景观设计学硕士学位，同时在 1983 年于哥伦比亚大学商学研究院获得商业管理硕士学位。

理查德·T·T·福曼是哈佛大学景观生态学 PAES 教授。他是美国生态协会和国际景观生态协会副主席，同时还是托雷（Torrey）植物学俱乐部的主席。他是迈阿密大学人类文学荣誉博士，哥伦比亚富尔布赖特奖学金获得者，并获得了法国 CNRS 研究员，以及琳德拜克（Lindback）基金杰出教育荣誉奖。他还是 AAAS 和剑桥克莱尔会堂（Clare Hall）会员。福曼已经出版了大量的学术论文和六本专著。